今日から
モノ知り
シリーズ

トコトンやさしい

宇宙ロケットの本 第4版

的川泰宣

生活に役立つ気象衛星や通信衛星はもちろん、国際宇宙ステーションや惑星探査も宇宙ロケットなしでは実現しません。宇宙ロケットの原理・構造・制御などの技術から、ロケットを核とした宇宙開発の最前線までをわかりやすく解説します。

B&Tブックス
日刊工業新聞社

はじめに

　ある雑誌に「ロケットは大きなおなら」と書いたら、読者の一人から「品がない」とお叱りを受けた。だれもが経験する事柄をもとにしてロケット推進の原理を説明しようと試みたつもりだったが、「品」を問題にされるとは思わなかった。「作用反作用の法則」で説明すると、ほとんどの人は誤解をする。どこが作用点なのかはっきりしないのである。

　今後人類の未来と宇宙への進出は、切っても切れない縁で結ばれ続けるだろう。その際の主役である宇宙ロケットについて、できるだけ平易に語ってみたいと思ってワープロを叩いた結果が本書である。方程式の分かる人ならば、巻末に掲げた参考書をお薦めする。恩師の糸川英夫先生は「はじめて学ぶ事柄の場合は、私はまずマンガから入ります。概念的につかんでおけば、専門書に一気に入っても戸惑うことがないのです」と語っておられた。その「入門のマンガ」的な使い方をしていただければと思っている。

　２００２年８月

〈改訂にあたって〉

　小型衛星が数多く飛び立つ時代が到来しているが、宇宙輸送の主役がロケットであることは、当分変わりそうにない。宇宙へのアクセスが多様になり、民間も本格的に乗り出してきた宇宙新時代にふさわしい内容を加え、現代のさまざまなロケット事情を反映したものに書き改めた。

　２０２５年３月

的川　泰宣

目次 CONTENTS

第1章 宇宙ロケットのあゆみ

第2章 ロケットはなぜ飛ぶか

第3章 ロケットの推進剤

第4章 ロケット・エンジン

第5章 ロケットの構造

第6章 ロケットを正確に飛ばすには

第7章 ロケットの打上げ

第10章 これからの宇宙ロケット

第1章

宇宙ロケットのあゆみ

宇宙へ行きたいという人類の野望は、始め「月への旅行」という夢として描かれました。さまざまな夢物語が世に出ましたが、それが現実にかなうためには、さまざまな先達の努力が必要とされたのです。ロケットは、人類の知恵のリレーで夢を実現した典型的な技術です。

1 初期のロケット

火薬ロケットは13世紀に中国からヨーロッパへ

ロケットを最初に作り上げたのは、どこの国の人だったと思いますか。それは中国人です。火薬を発明したのは中国人ですから、それを応用した火薬ロケットの発明者が中国人だったのも当然と言えるでしょう。

はじめて登場したのは、矢に火薬入りの筒を取り付けただけの簡単なもので、当時の中国(宋)では「火《か》箭《せん》」と呼ばれていました。その矢じりに毒を塗り、二〇本とか三〇本ずつまとめて竹製・木製の円筒につめ、一斉に発射しました。導火線に火をつけると、すると導火線が燃えていって、筒の中の火薬に火がつくようになっていました。矢は竹でできており、長さは九〇センチメートルほどだったようです。

一二世紀に中国を征服したモンゴルは、ロケット兵器の技術を中国から学び、アジアからヨーロッパにまたがる征服戦争に使いました。その結果、ロケット技術は早くも一三世紀の末には、ヨーロッパにまで知られるようになりました。以後数百年にわたって、火薬ロケットは世界中で戦争の道具として使われ、少しずつ大型化していきましたが、そのどれもこれも基本的には同じような形をしていました。

一八世紀末にイギリス軍の軍隊にいたウイリアム・コングレーヴは、ボディ（火薬を入れる筒）を厚紙ではなく鉄で作り、火薬を改良し、飛行を安定させるための棒の位置をケースの脇ではなく中心の軸に一致させることに成功しました。

また少し後のウイリアム・ヘールは、後部から噴き出すガスの方向を斜めにすることにより、ロケットの機体をスピンさせ、安定して飛ぶような工夫をしました。

コングレーヴ型のロケットは、一九世紀に、イギリスの対ナポレオン戦争やアメリカの南北戦争などに使われ、その威力に悩まされた国々や人々は、競ってロケットを開発・保有することになったのでした。

要点BOX

●ロケットは中国で発明され広まった

●イギリス軍のコングレーヴが構造や火薬を改良、ヘールはスピンで飛行を安定させた

昔のロケット

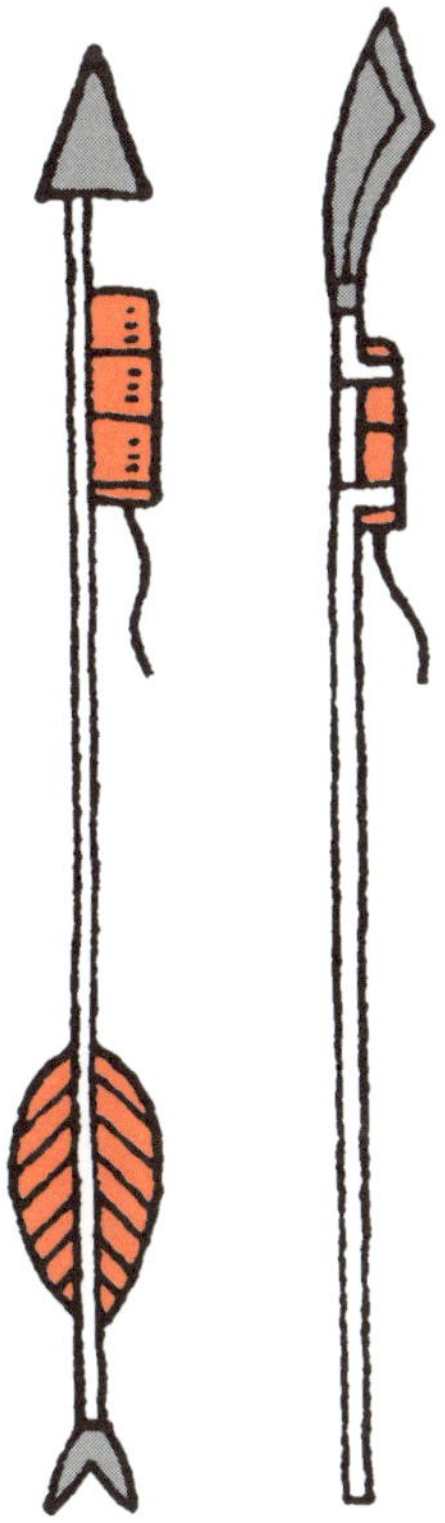

中国のロケット矢

ロケット矢の発射方法

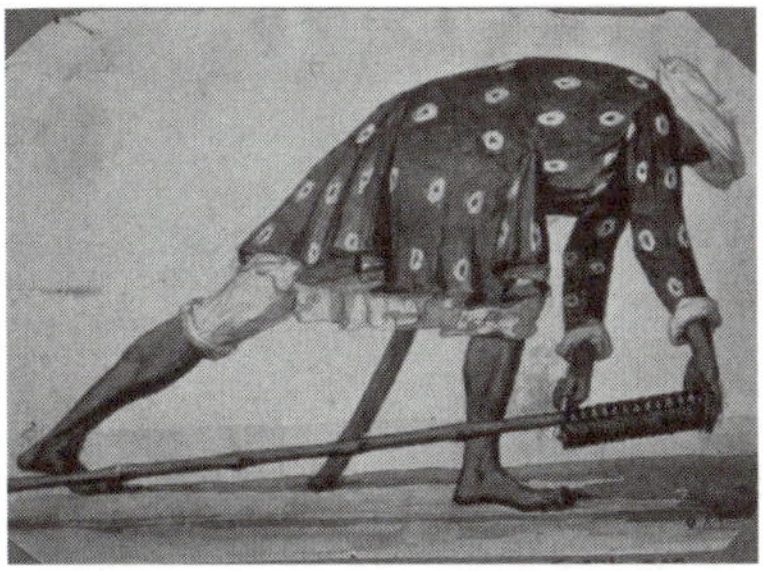

18世紀インドの兵士が準備するロケット

ウイリアム・コングレーヴ

コングレーヴ型のロケットを発射する風景。19世紀ヨーロッパ各国は軍用ロケットを競って保有した

2 パイオニアたち

ジュール・ベルヌのSFに刺激される

一九世紀は、「SFの黄金時代」と呼ばれ、人々が競ってSF（空想科学小説）の中に月や他の惑星に住む「人間」を追い求めた時代でした。一八六五年に、あらゆる角度から見て「はじめての本格的SF」と呼ばれるに値するジュール・ベルヌの『地球から月へ』が世に出ました。一〇〇年以上も前のこのSFに描かれた世界は、まるでアポロ計画の月旅行のような筋立てです。それに刺激された少年少女たちの中から、宇宙開発のパイオニアが続々と育っていきました。

■ツィオルコフスキー　耳が聞こえない障害を克服して、ロケットによる宇宙飛行の夢を描いたコンスタンチン・ツィオルコフスキーは、「宇宙飛行の父」と呼ばれています。一生続けられた彼の研究からは、

・ロケットによってこそ宇宙を飛べること
・液体水素と液体酸素を推進剤とするロケットが最も性能がよいこと
・多段式ロケットのアイディア

など、極めて独創的な理論が生まれました。

■ゴダード　一九二六年三月一六日、アメリカのマサチューセッツ州オーバーンの農場で、ロバート・ゴダードは、世界史上初の液体燃料ロケットの打上げに成功しました。彼は死ぬまでロケットを改良し続け、姿勢制御装置について特筆すべき研究・実験を行いました。彼の数々のアイディアは、アポロ計画で大幅に活用されました。世界の人々から「近代ロケットの父」と呼ばれています。

■オーベルト　ロケットの研究に情熱を注いだヘルマン・オーベルトは、『惑星空間へのロケット』『宇宙旅行への道』などの本を執筆し、当時のドイツの青少年に、宇宙への夢と大きな希望を吹き込みました。オーベルトの著作に感激した青年たちは、一九二七年、ドイツ宇宙旅行協会を結成し、小さなロケットから始めて、液体燃料ロケットの製作に挑戦していきました。

要点BOX
●宇宙飛行の父・ツィオルコフスキー
●近代ロケットの父・ゴダード
●青少年に夢と希望を与えたオーベルト

コンスタンチン・ツィオルコフスキー

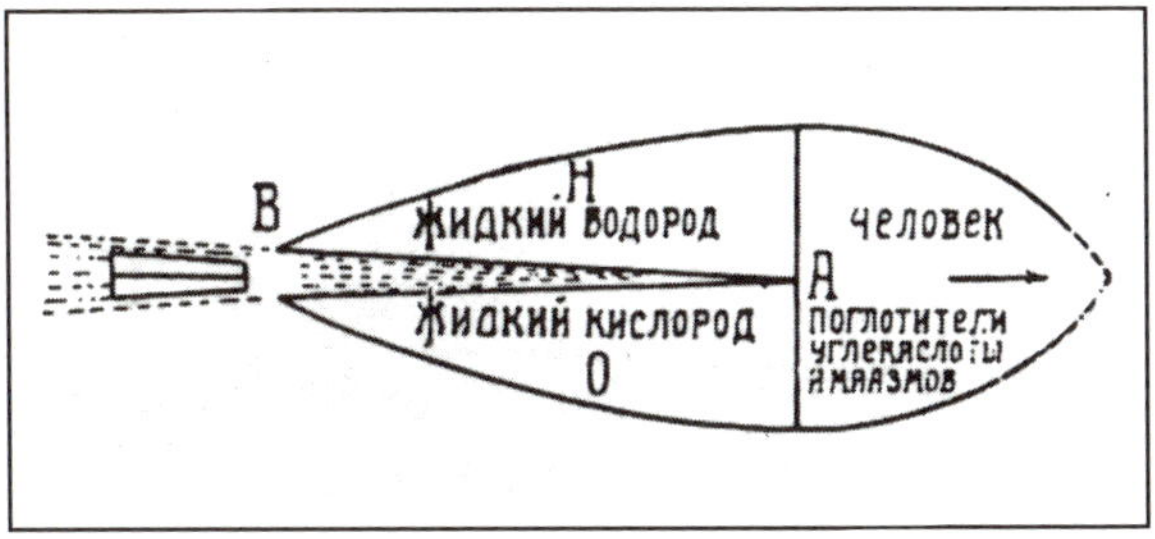

ツィオルコフスキーの描いた史上初の液体ロケット設計図

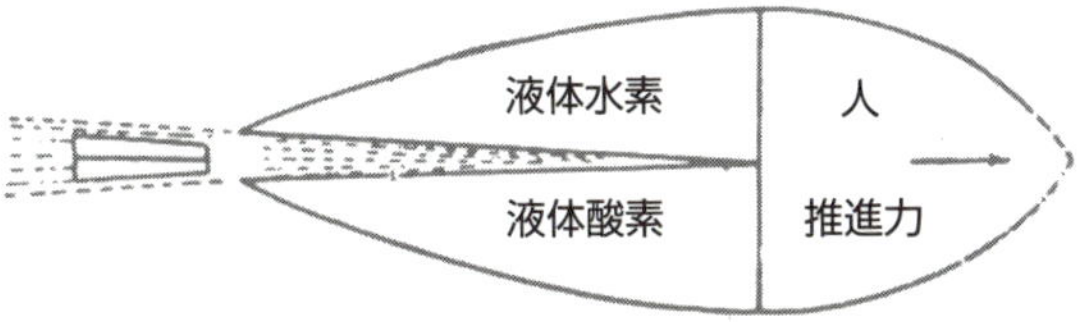

ロバート・ゴダード

ヘルマン・オーベルト

3 ロケット・ブームとV-2

近代ロケットの元祖はドイツのV-2

　ジュール・ベルヌのSFや宇宙開発のパイオニアたちの影響を受けた若者たちが、「本当に人間が宇宙へ行けるかもしれない」という予感に胸を躍らせる時代がやってきました。

　一九二〇年代から一九三〇年代にかけて、宇宙旅行を標榜する人々の集まりは次第に各地で輪を広げ、ロケット・ブームが到来しました。特に一九三〇年代には、ドイツ宇宙旅行協会に結集した人たちによって本格的なロケット開発が始まりました。

　国として最も早くロケットに目を付けたのは、ソ連でした。ツィオルコフスキーの独創的なアイディアに目を向けたソ連では、フリードリク・ツァンダーやグルーシュコなどの優秀な設計者が生まれ、やがて米ソの宇宙開発競争におけるソ連のリーダーとなるセルゲーイ・コロリョフが頭角を現しました。

　ウェルナー・フォン・ブラウンをリーダーとするドイツの技術者たちは、軍の豊富な資金をバックに大型ロケット開発の夢を選び、一九三七年以降は、バルト海に建設された秘密基地ペーネミュンデにおいてミサイル開発に取り組み、ついに一九四二年、史上初の誘導ミサイル「V-2」を完成させました。

　V-2は、いうまでもなく当時世界最大のロケットであり、第二次世界大戦中に一五〇〇発を超えるV-2が南イギリスに落ち、二五〇〇人以上の人々の命を奪い、多くの施設を破壊しました。

　戦争目的のものではありましたが、V-2はあらゆる技術上の完成度から見て近代ロケットの直系の元祖です。ナチスが敗れると、フォン・ブラウンとV-2開発のリーダーたちはアメリカに降伏し、戦後のアメリカの宇宙開発で活躍します。

　一方ペーネミュンデを接収したソ連軍もV-2の図面を手に入れ、また連行した下級技術者たちから、V-2の技術上の秘密を余すところなく吸収し、来るべき宇宙競争にスパートをかけました。

要点BOX
●ソ連やドイツの技術者によるロケット開発
●ドイツのV-2は近代ロケットの直系の元祖
●V-2技術を持ち帰ったアメリカとソ連

V-2ロケット

ドイツ宇宙旅行協会に結集した人たち

ロシア初期のロケット「ギルドX」

ペーネミュンデから発射されるV-2

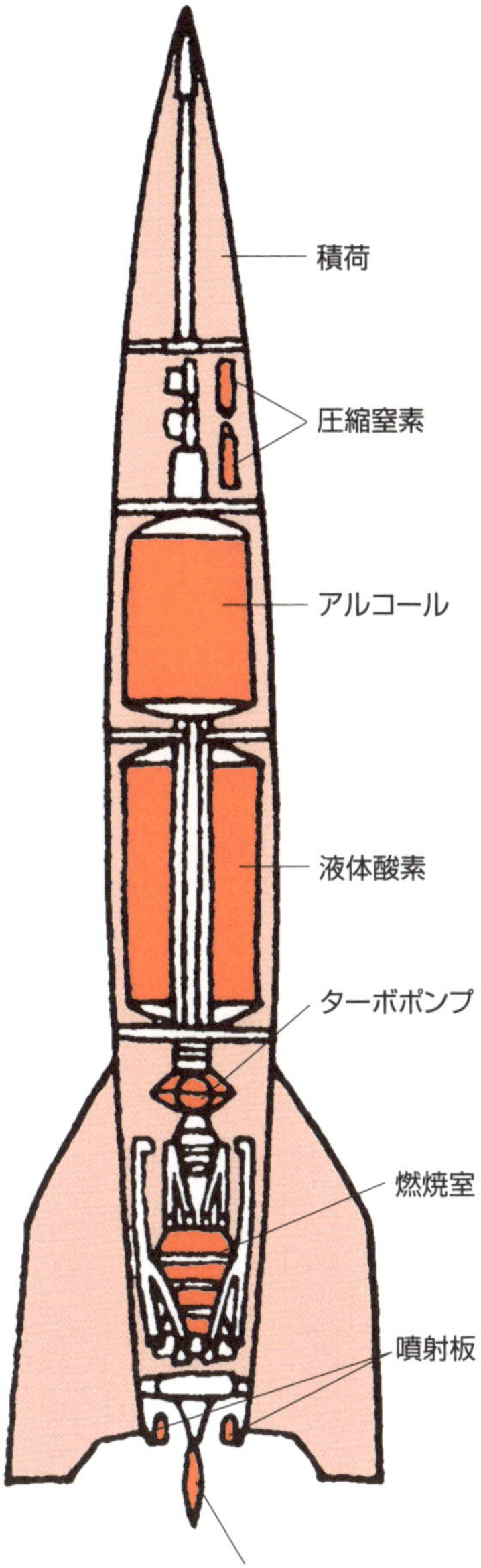

4 米ソの宇宙開発競争の始まり

先行したソ連

セルゲーイ・コロリョフをリーダーとするソ連のロケット開発チームは、一九五七年一〇月四日に世界最初の人工衛星「スプートニク」の打上げに成功しました。おくれをとったアメリカは、ドイツから来たウェルナー・フォン・ブラウンの指導のもとで、翌年一月三一日、重さわずか一四キログラムの人工衛星「エクスプローラー1号」の打上げに成功しました。ここに幕が開いた米ソの激しい宇宙開発競争は、一九六〇年代以降、実用・科学・有人飛行・軍事のあらゆる方面でしのぎをけずっていきました。

一九六一年四月一二日、ソ連は、ユーリ・ガガーリン飛行士を乗せたヴォストーク宇宙船を打ち上げ、地球をひと周りさせました。「地球は青かった」というガガーリンの言葉は世界中を駆けめぐりました。

ヴォストーク宇宙船はこの後、飛行士たちを次々と宇宙へ運び、一九六三年六月には女性初の飛行士ヴァレンチーナ・テレシコーヴァに宇宙飛行を行わせて、ヴォストーク計画を終えました。

ガガーリンに遅れること三週間、アメリカのアラン・シェパード飛行士が、レッドストーン・ロケットの先端に格納されたカプセル「フリーダム・セヴン」に乗り宇宙へ出発しました。こうして幕を開けたマーキュリー計画では、数々の苦しい訓練をくぐり抜けてきた「ライト・スタッフ」と呼ばれる宇宙飛行士たちが弾道・軌道飛行を行いました。

次は二人乗りのジェミニでした。一九六五年、ジェミニ宇宙船1号が二人の飛行士を乗せて打ち上げられましたが、その五日前、宇宙船「ヴォスホート」に乗って軌道を周回していたソ連のアレクセイ・レオーノフ飛行士が、人類初の宇宙遊泳に成功しました。

先行するソ連の活躍を横目で見ながら、ジェミニ宇宙船は二〇カ月間に一〇回も地球周回軌道に行き、ランデヴー・ドッキングなど月に行って帰るためのさまざまな技術的難関を一つ一つ突破しました。

要点BOX
- ●世界最初の人工衛星「スプートニク」はソ連
- ●アメリカは「エクスプローラー1号」
- ●有人宇宙飛行もソ連が先行

ソ連

セルゲーイ・コロリョフ

ユーリ・ガガーリン

世界最初の人工衛星「スプートニク」

ヴォストーク　ソユーズ

アメリカ

ウェルナー・フォン・ブラウン

エクスプローラー1号

ライト・スタッフ

ジェミニ宇宙船

5 月面への先陣争い

月に立った最初の人、アームストロング

一九六九年七月一六日、アポロ11号に乗り組んだアームストロング、コリンズ、オルドリン飛行士は、フロリダのケネディ宇宙センターの39番発射台から、巨大なサターンVロケットで月へ出発しました。

「ヒューストン、こちら静かの海、イーグル、月面に着陸した」。アームストロング船長の声が届いたのは七月二一日でした。七時間後、彼は着陸船イーグル号から出てはしごを降り、靴底を月面の埃へ踏み入れました。そしてあの有名な言葉を残しました……「これは、一人の人間にとっては小さな一歩だが、人類にとっては巨大な飛躍である」。

その後もアメリカは人間を月へ送り続けました。一九七二年一二月、二五〇億ドル余を投じ、人間が宇宙をめざすことのロマンと情熱を全世界の人々に劇的な形で見せたアポロ計画は、合計一二人の飛行士を月面に着陸・帰還させて、その幕を閉じました。

一方ソ連は、一九六七年四月からソユーズ有人宇宙船を打ち上げ始めました。1号は、制御装置の故障などがあって、コマロフ飛行士が墜落死しましたが、その後は順調にランデヴーやドッキングの実験を続けて有人月着陸をめざしました。しかし有人の月宇宙船を運ぶ巨大なN－1ロケットの打上げがうまく行かず、ついにアポロ計画に先を越されました。

月面への到達競争は、米ソという二大大国が国威をかけた必死の政治的な競争だったと言えるでしょうが、その国威の発揚のために月へ、金星へ、火星へと送られた無人の探査機の活躍は、両国の科学者の太陽系研究への熱い思いを反映したものです。

人類が、光と電波以外の電磁波（X線・ガンマ線・赤外線・紫外線）で宇宙を見ることを開始したのも、人工衛星技術が成熟していった一九六〇年代のことです。こうした観測によって、「悠久の宇宙」と思われていた地球の外の世界が、さまざまな変化を見せる「躍動する宇宙」であることが分かってきました。

要点BOX

- 1969年7月21日、人類が月面に着陸
- 米ソの国威をかけた競争
- 「躍動する宇宙」の発見をもたらす

月への小さな一歩

サターンVロケット

バズ・オルドリン飛行士

ニール・アームストロング飛行士の月面第一歩

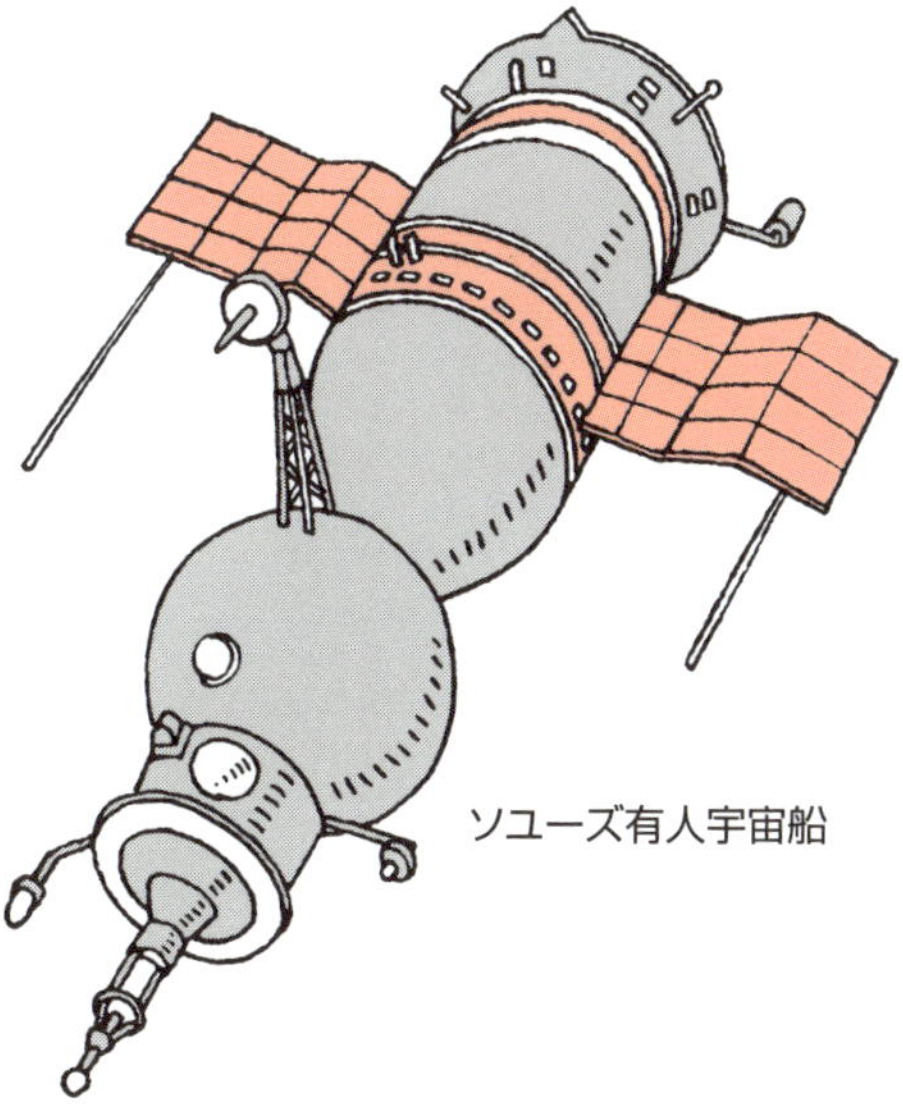

ソユーズ有人宇宙船

N-1ロケット

6 宇宙ステーションの時代

長期の宇宙滞在をめざす

一九七〇年代に入ると、人間の月面到達競争に敗れたソ連は、人間を長期に宇宙に滞在させるために工夫をこらした大型の人工衛星「宇宙ステーション」を実現しました。一九七一年四月に打ち上げられたサリュート1号は、ソユーズ11号とのドッキングに成功、三人の飛行士がサリュートに移乗して、天文観測や植物の栽培実験などを行いました。

一九八六年二月に、ソ連の新世代の宇宙ステーション「ミール」が軌道に乗りました。ドッキング・ポートは一挙に六つになり、さまざまな種類の実験・観測・製造用のモジュールが同時に運用できるようになりました。常時六人を収容できるミールは、ステーション機能を大幅に拡大し、ポリャコフ飛行士の四三七日滞在という記録（一九九五年）を可能にしました。

二〇世紀の人間の長期滞在に金字塔を打ち建てたミールも、老朽化には勝てず、二〇〇一年三月、大気圏に突入してその一五年の生涯を終えました。

一方アメリカは地球と宇宙を往復できる乗り物の開発に戦略を定め、一九八一年に史上初の宇宙往還機「スペースシャトル」の運航を開始しました。スペースシャトルによって、人類は宇宙往還時代の歩みを開始し、さまざまな国の飛行士たちが宇宙へ行ける時代が開かれました。

一九九一年、ソ連が崩壊し、スペースシャトルの輸送力とソ連の宇宙ステーション建設・運用の経験が力を合わせることのできる時代が到来しました。一五の宇宙先進国が協力して、一九九八年に建設が開始された国際宇宙ステーション（ISS）は、スペースシャトルなどで機材を地球から運び、宇宙で組み立てながら大きくしていきました。ISSは二〇一一年に完成し、スペースシャトルは役目を終えて引退しました。人類の第一期宇宙時代は、ISSの完成によって、その到達点を示しました。

要点BOX
- ●ソ連が最初の宇宙ステーションを実現
- ●アメリカの宇宙往還機「スペースシャトル」
- ●国際宇宙ステーションが2011年に完成

代表的な有人宇宙船

ソユーズとサリュートとプログレス（ソ連）

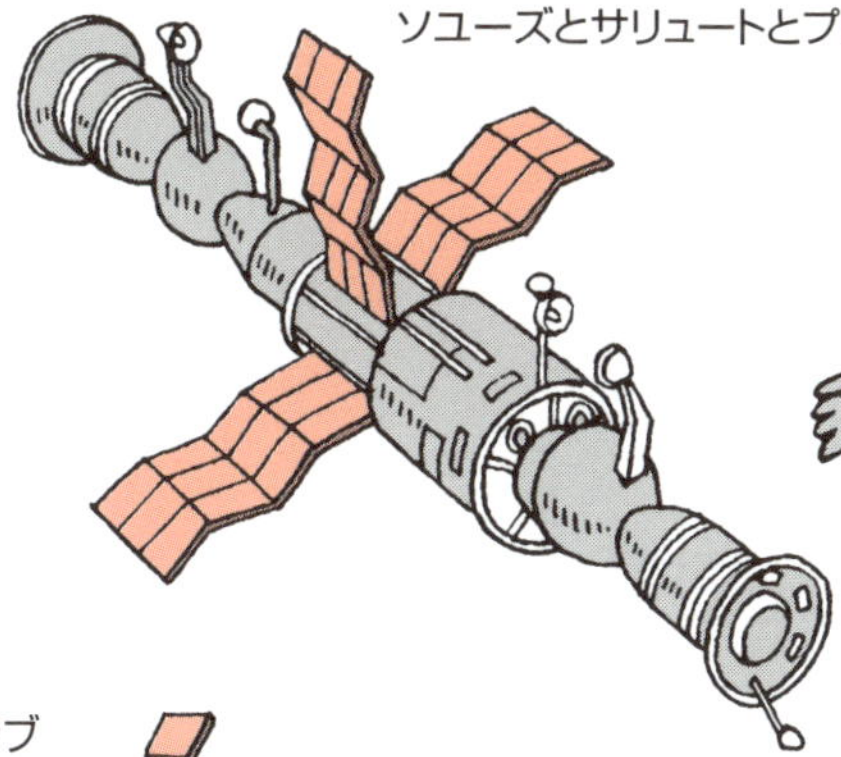

スカイラブ
（アメリカ）

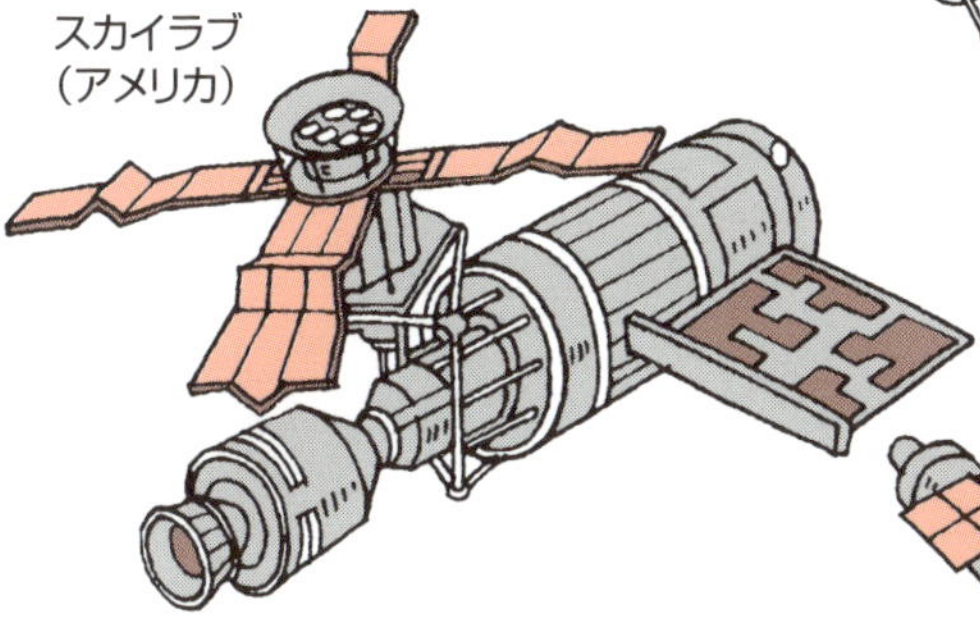

ミール（ソ連）

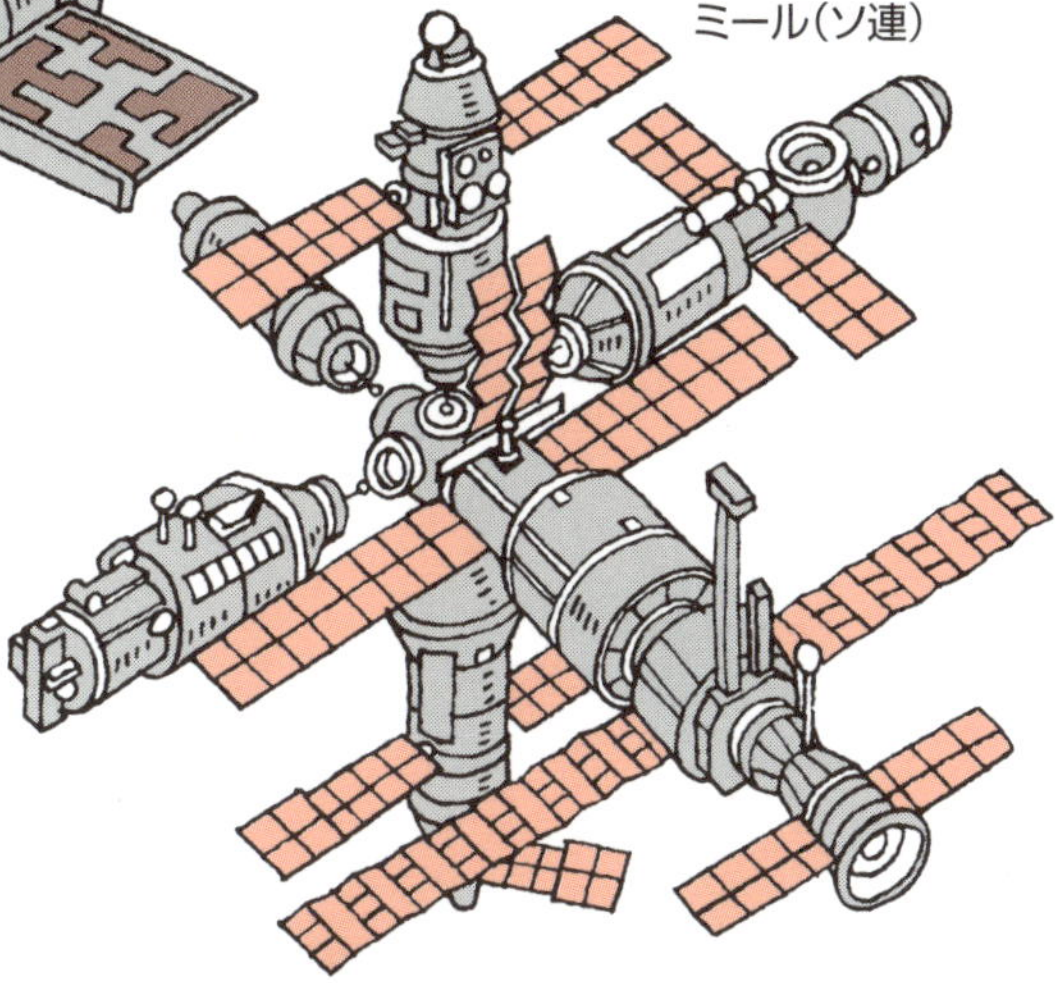

スペースシャトル（アメリカ）

軌道上の国際宇宙ステーション

7 日本も宇宙時代へ

東大のペンシル・ロケットが最初

一九五五年四月一二日、東京都国分寺で産声をあげた東京大学のロケットは、全長二三センチメートルの「ペンシル・ロケット」でした。水平に発射してロケットの飛び方を調べたこのユニークな実験を経て、ベビー、カッパと大型化を進めてきた東京大学のグループは、一九七〇年、L－4Sロケットで日本最初の人工衛星「おおすみ」を軌道に送りました。

この後、科学衛星の打上げはMロケットに引き継がれ、以後改良を重ねた「ミューシリーズ」は、世界最大の固体燃料ロケットに成長し、数々の宇宙科学の名機を衛星軌道に送り、世界に大きな貢献をしました。その技術はイプシロンに引き継がれました。

一九六九年には、私たちの生活と結びついた宇宙開発を行うために、宇宙開発事業団（特殊法人）が設立されました。宇宙開発事業団は、アメリカの協力を得ながらロケット開発を進め、N－Iロケットから N－IIロケットへと着実に開発を進め、その技術をさらに発展させたH－Iロケットを経て、一九九五年には、ついに一〇〇％国産の液体燃料ロケットH－IIロケットを打ち上げることに成功しました。H－IIは、気象衛星「ひまわり」を始めとする数多くの実用衛星を軌道に送り、人々の生活のあらゆる面に宇宙開発の成果を浸透させていきました。

現在運用中のH－IIA、H－IIBシリーズは、世界最高の打上げ成功率を達成し、引き続き新世代のH3ロケットを開発しました。また宇宙開発事業団は有人宇宙活動にも乗り出し、スペースシャトルに宇宙飛行士を搭乗させ、ISSの建設にも参加し、日本実験棟「きぼう」（JEM）やISSへの無人補給船「こうのとり」を開発し、国際的に高い寄与をしています。「こうのとり」は、二〇一八年にカプセルの海上回収に成功し、将来の有人輸送に道を拓きました。「きぼう」は、他国の施設に比べて、最も清潔で最も静かであると評判でした。

要点BOX
- ●ミューロケットで科学衛星を打上げ
- ●H-IIロケットで実用衛星を打上げ
- ●無人補給船「こうのとり」の国際貢献

草創期のロケット

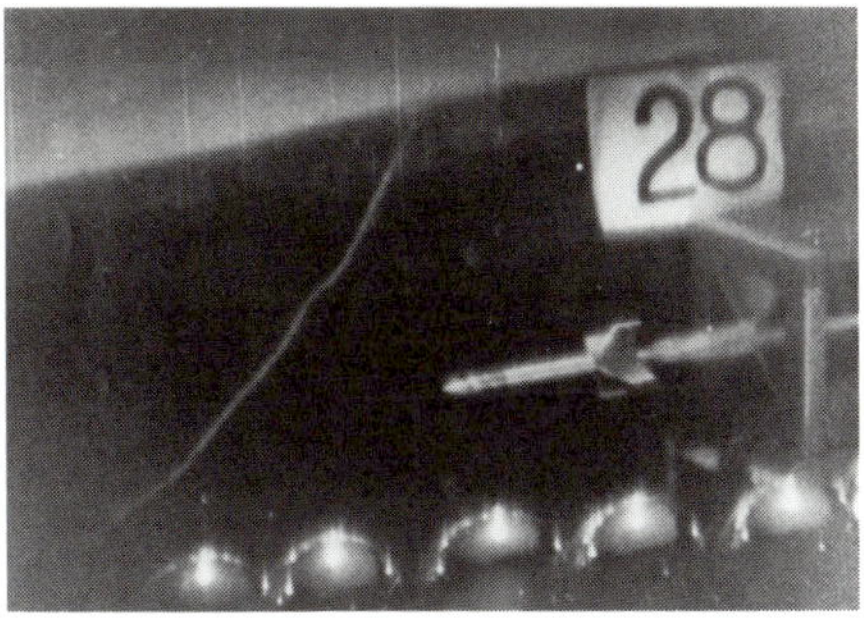

ペンシル・ロケット

日本最初の人工衛星
「おおすみ」

日本の衛星打上げロケット一覧

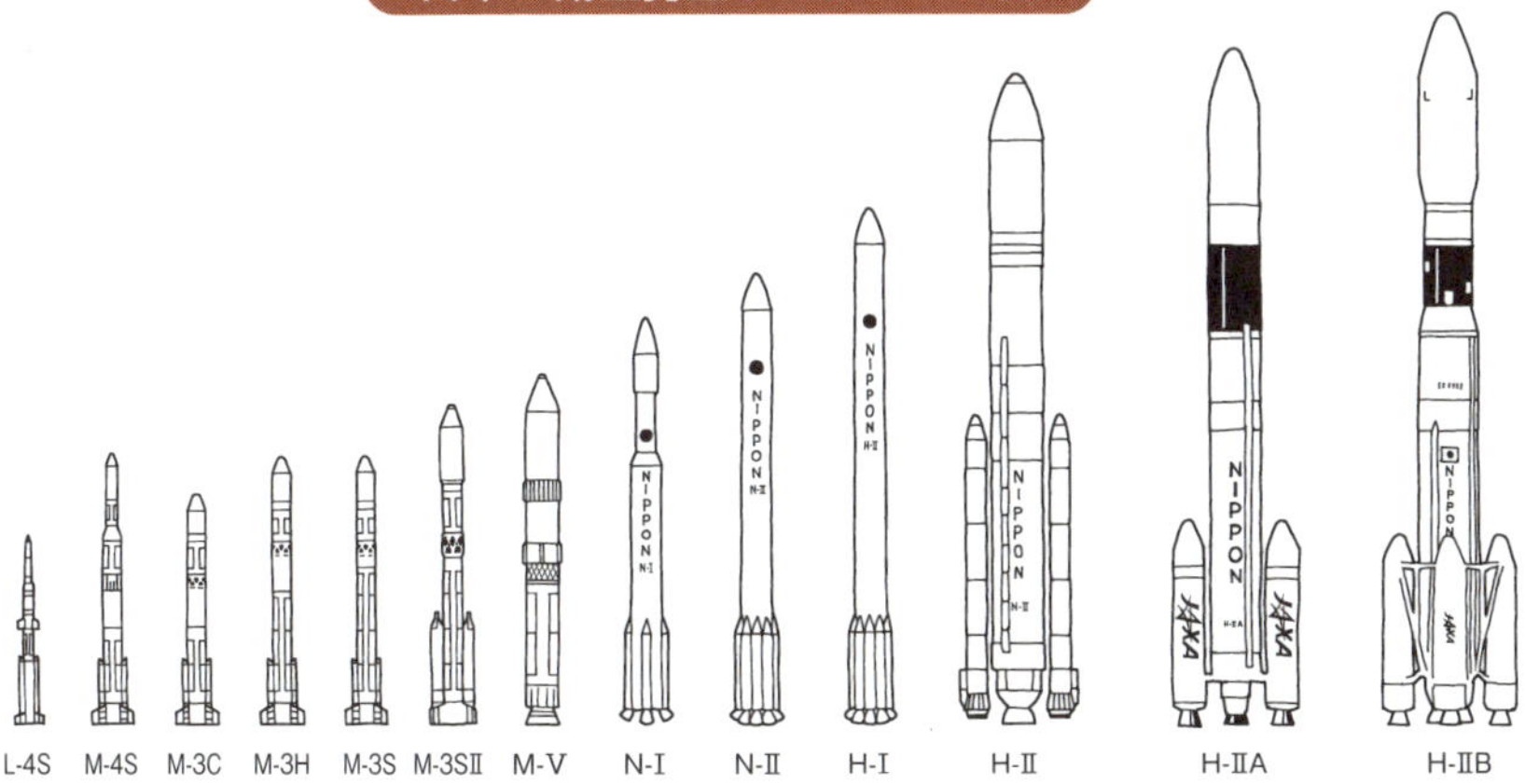

生活に役立つ実用衛星

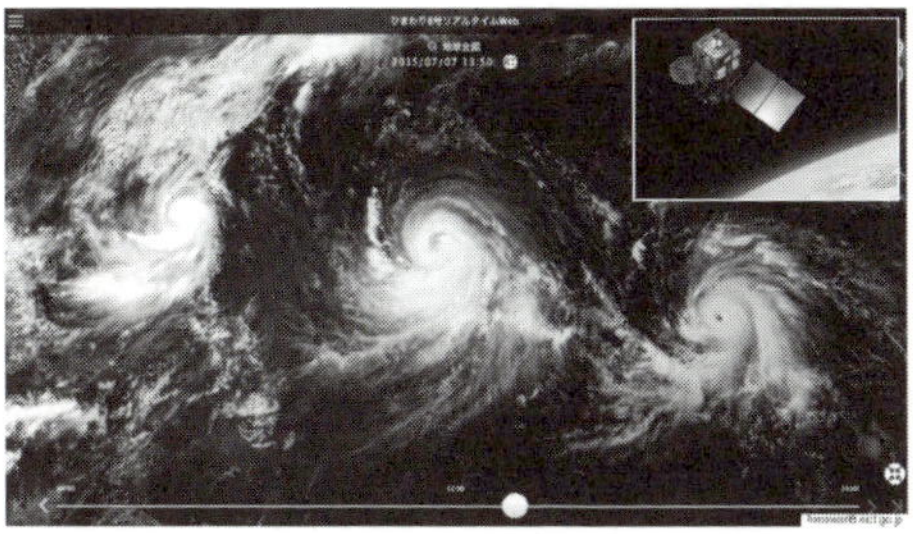

台風9・10・11号のトリプル画像と「ひまわり8号」
(2015年)

ISSにキャッチされる「こうのとり」

8 JAXAの誕生と日本の宇宙新時代

H3とイプシロン

二〇〇三年一〇月一日、宇宙科学研究所と宇宙開発事業団および航空宇宙技術研究所の三機関が統合することにより、宇宙航空研究開発機構（JAXA）が誕生しました。現在JAXAが衛星・探査機の打上げに使用しているのは、固体燃料ロケットの「イプシロン」と液体燃料ロケットの「H3」です。

世界最高峰の固体燃料ロケット技術を継承することを目的として二〇一〇年に開発が始められたイプシロンの最大の特徴は、人工頭脳を最大限に活用し、組立・点検などの運用を効率化し、世界一コンパクトな打上げを目標に、打上げシステム全体を大胆に改革したことです。

イプシロンは、小型衛星の打上げに実績を残し、改良型のイプシロンSの完成を急いでいます。

H-ⅡAロケットの後継として開発したH3ロケットは、第1段に新規開発エンジンを採用し、民生部品を大幅に活用して費用削減を進め、打上げ費用をH-ⅡAの半額の約五〇億円にすることを目標としています。そして射場整備の作業期間を短縮して、毎年、六機程度を安定して打ち上げることをめざしています。

H3の開発は、柔軟性・高信頼性・低価格の3つの要素を目標としています。大型液体ロケットエンジン（LE-9）の開発など新しい技術に挑戦するとともに、固体ロケットブースターは、イプシロン・ロケットの第1段モーターと共通化し、さらに姿勢制御用ガスジェットやアビオニクスも共通化するなど、イプシロンとのシナジー効果も狙っています。

天気予報からブラックホールまで広範囲で多岐にわたる宇宙ミッションを、H3とイプシロンを軸にしてカバーしていくことでしょう。

JAXAが開発したH3とイプシロンに民間企業が精力的に開発している小型ロケット群を加え、日本の宇宙活動の新しい時代が始まっています。

要点BOX

- 2003年に宇宙航空研究開発機構が誕生
- 固体燃料技術を継承するイプシロン
- 「使いやすさ」のH3ロケット

イプシロン1号機打上げ

H3ロケット1号機の打上げ

H3ロケットのいろいろ

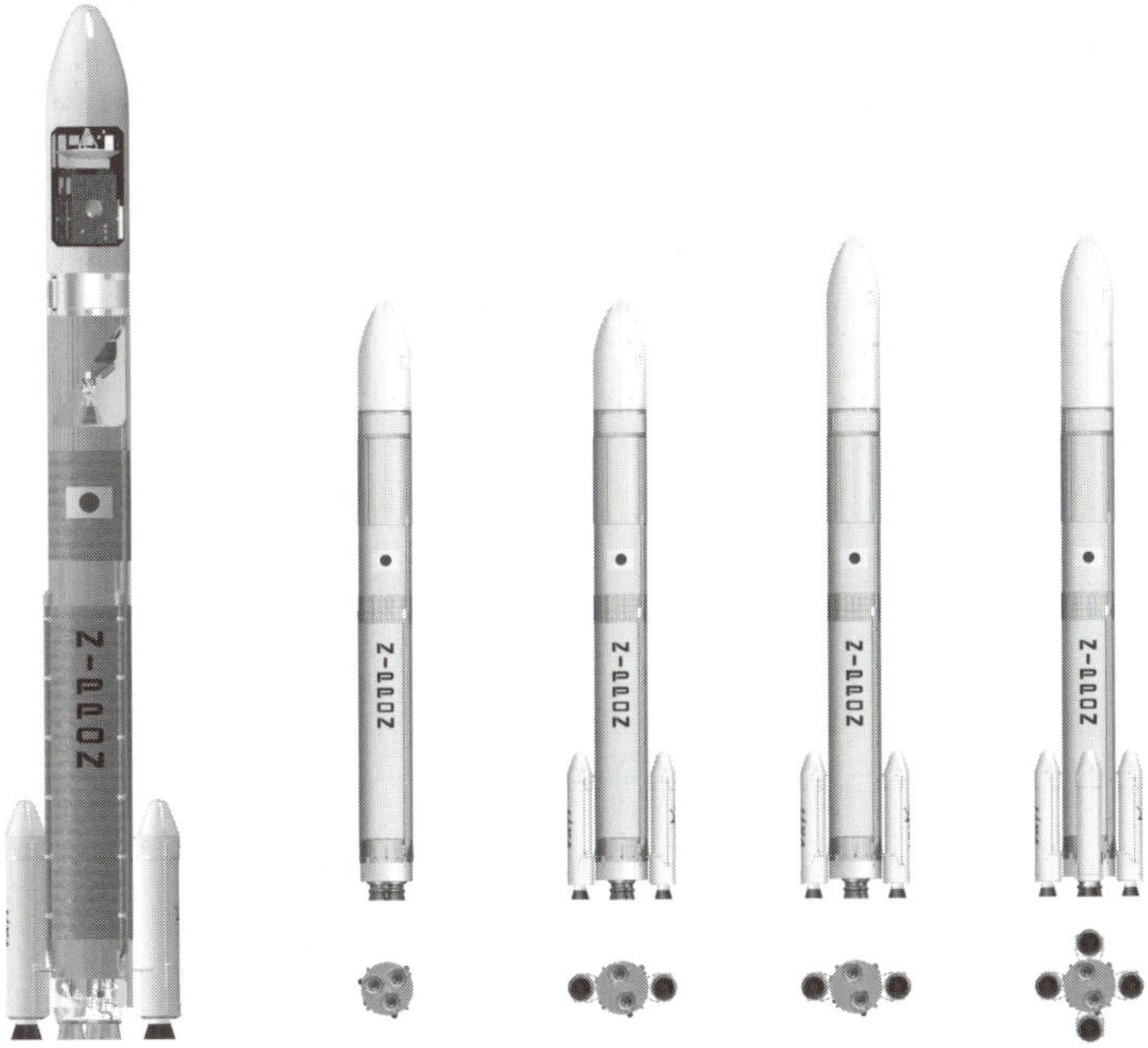

標準型カットモデル　H3-30S　H3-22S　H3-22L　H3-24L

Column

轟音と煙とともに消えた男

一五〇〇年ごろの中国。時は明王朝。人類初の宇宙旅行を企てた男がいた。竹製の特別あつらえの椅子に端然と腰掛けた男、その名は王冨《ワンフー》、明の高級官吏である。

言い伝えによれば、この王冨さんは、慕っていた上司が病気で亡くなったのをはかなんで、「オレはこの世で生きていても仕方ない。あの人が行ったに違いない月へ飛んでいく」と宣言して、この椅子に座る展開になったらしい。

椅子には四七基の火薬ロケットがノズルをそろえ、凧が二つ、椅子を引っ張りあげている。四七人の苦力《クーリー》が一基ずつのロケットを受け持って、導火線にトーチで一斉に火をつけた。

「バーン！」

耳をつんざくような爆発音、続いてモウモウたる煙。煙が晴れた時、哀れな王冨の姿は残っていなかった。ただ淋しく、粉々になった椅子の残骸が王冨の運命を物語っていた。

急いで駆け寄った人々はつぶやいた。

「ああ、王冨さんは天国へ行っちゃった」

王冨がニュートン力学をマスターしていれば、天国へ到着するのは早くて六、七分後と見積もっていただろうが、彼はたぶんその予定よりもかなり早めに天国に着いたにちがいない。

それにしても、戦争の道具としてしか使われていなかったロケットで宇宙へ行こうという発想が独創的である。まだ幼かったロケット技術と運命をともにした最期だったとも言えるだろう。

月面の南緯一一度、西経一三九度にあるクレーターに、この無茶なチャレンジをした王冨の名が冠せられていることを知る人は少ない。

第2章

ロケットはなぜ飛ぶか

人間の空を飛びたいという欲望を実現したものが飛行機でしたが、空気のある空を突き抜けてはるかに宇宙へ出るためには、乗り越えなければならない壁が二つあります。第一は地球の引力、第二は空気です。憧れの宇宙へ行くために、人類はこの問題をどのように解決してきたのでしょうか。ここでは化学ロケットを中心として考えてみましょう。

9 ロケットの推進原理

「反動」による力

　ふくらませた風船は、手を離すと、空気を吐き出しながら飛んでいきます。その時、風船には何かの力が働いているように見えます。しかしその力は、誰かが外から押したり引いたりする力ではなく、空気を吐き出した「反動」による力なのです。つまり俗っぽく言えば、ロケットの加速の原動力は「巨大なおなら」なのです。この反動による力を推力といいます。ロケットも、ふくらませた風船と同じように、外からの力ではなく機体から噴き出されるガスの反動による推力で飛ぶのです。

　ほとんどのロケットは固体や液体の燃料を積んでいます。それを燃やすことによってできた気体を吹き出して飛ぶことができます。そのほうが、風船のように空気をつめてそれを吐き出しながら進むよりも、ずっと大きな推力を作り出せるのです。

　ロケットが飛ぶのは、空気の薄い所が大部分です。さらに人工衛星の軌道となると大気圏外になるので、ほとんど真空に近い状態にあるといえます。このような場所では、推力を発生するのに必要な燃料を燃やすための空気(酸素)がありません。そこでロケットは、燃料だけではなく酸素(酸化剤)も持っていく必要があります。ジェット機とロケットとの違いは、ここにあります。ジェット機は燃料を持っていますが、酸素は持っていません。ジェット機が燃料を燃やすための酸素は、周りの空気を吸い込んで獲得することができるからです。ロケットは真空を飛ぶので、酸素を自分で携帯しなければならないわけです。ただしジェット機もロケットも、自分が吐き出したガスの反動で加速するという点は同じです。

　ロケットの推進原理は、吐き出したガスが何かを蹴飛ばして推力を得るのではなく、厳密には「運動量保存の法則」あるいは自らが体内から噴出した反動によって加速するものであることを理解しておきましょう。

要点BOX

- ●反動による力が推力
- ●ロケットは真空を飛ぶので燃料を燃やす酸素がいる
- ●ロケットの推進原理は「運動量保存の法則」

ロケットはどうして飛ぶか？

●ふくらませた風船を放すと

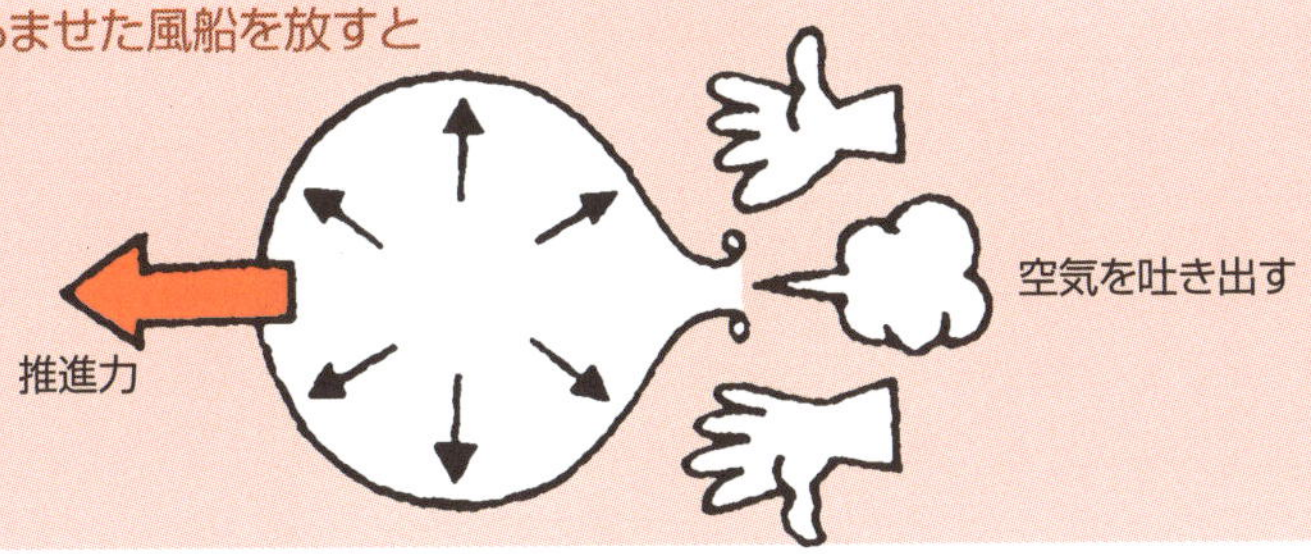

●ボートから重い物体を投げると

●ロケットが飛ぶしくみ

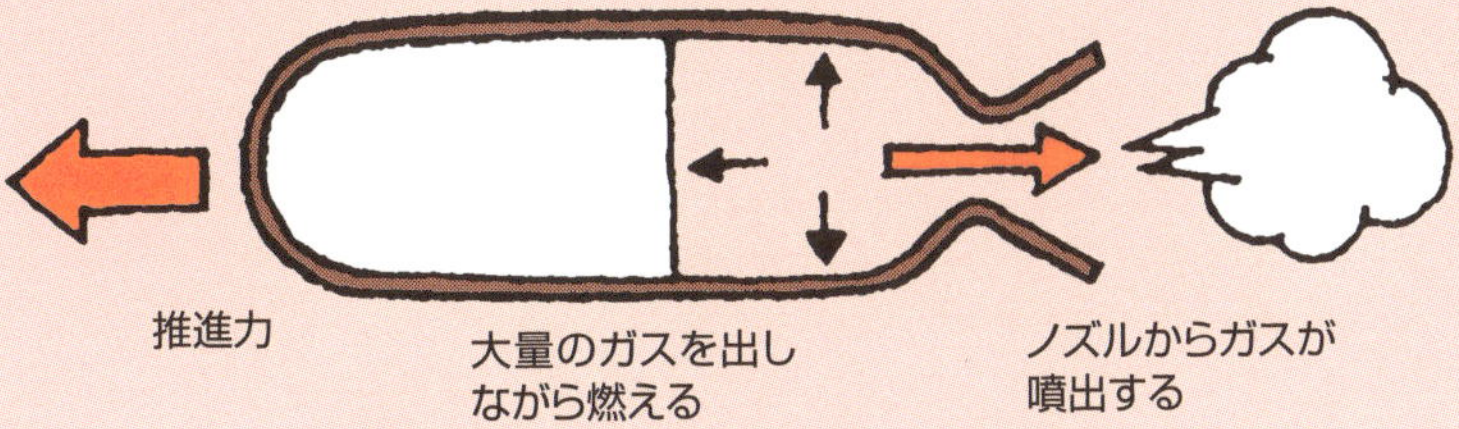

ジェット機とロケットとの違い

●ジェット機

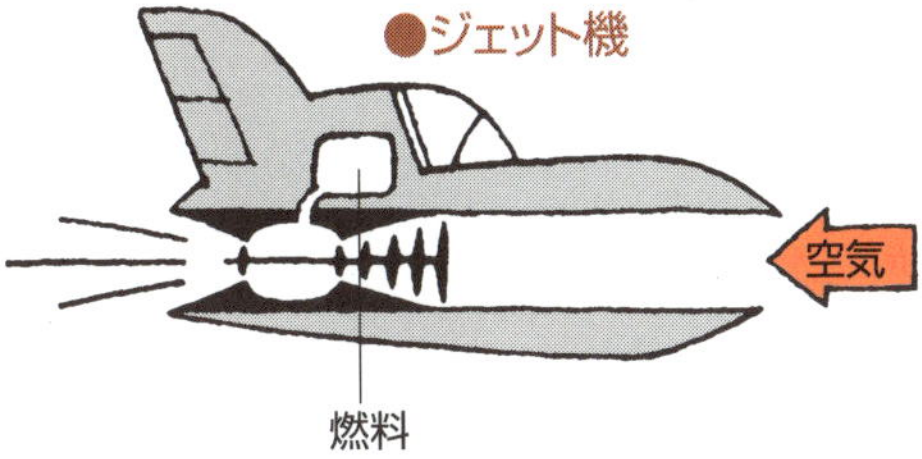

●ロケット

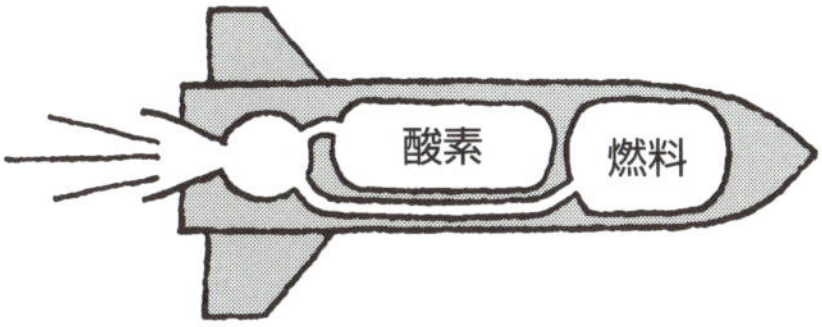

10 化学ロケット

化学反応でガスを発生、噴射する

化学反応で高温高圧のガスを発生させて、そのガスを噴射しながら進む飛翔体を化学ロケットといいます。反応に使用する物質は、燃料と酸化剤からなっており、あわせて推進剤と呼びます。物が燃えるには酸素が必要なので、反応する時に酸素を出してくれる酸化剤はどうしても必要なのです。推進剤が固体のものを固体推進剤ロケット、液体のものを液体推進剤ロケット、固体と液体と両方を使うものをハイブリッド・ロケットといいます。

現在使用されている地上からの打上げ用ロケットは、すべて燃料を酸化剤で燃やして推力を得る化学ロケットです。燃料の持つ化学エネルギーを、燃やして熱エネルギーに変え、それをロケットエンジンのしくみによって運動エネルギーに変えているのです。

地球上からロケットを発射するには、大きな重力に打ちかつ必要があるので、燃費よりも大きな推力が優先されます。化学ロケットは、まだ当分はなくてはならないものでしょう。

ただし、化学ロケットエンジンは、大きな推力を生み出すのには向いていますが、搭載する推進剤の量に限りがあるので、長時間の連続運転ができないという欠点を持っています。そのため、地上からの打上げや短い日数での惑星間飛行など大きな推力を必要とする場合には今後も使われ続けるでしょうが、太陽系の彼方をめざすような長期間の飛行などの場合は、化学ロケット以外のイオンエンジンなどに替わっていくことが予想されます。

たとえば、「はやぶさ」が搭載したイオンエンジンは、化学ロケットに比べて燃費が十倍くらい高いので、化学ロケットの大推力でいったん地球周回軌道へ運び、その後の飛行をイオンエンジンに頼るなど、組合わせて使う方がよさそうです。そのような使い方の先陣を切った「はやぶさ」を誇りに思います。

要点BOX
- ●燃料と酸化剤をあわせて推進剤と呼ぶ
- ●推進剤には固体と液体がある
- ●大推力だが長期間飛行には向かない

化学ロケットの原理

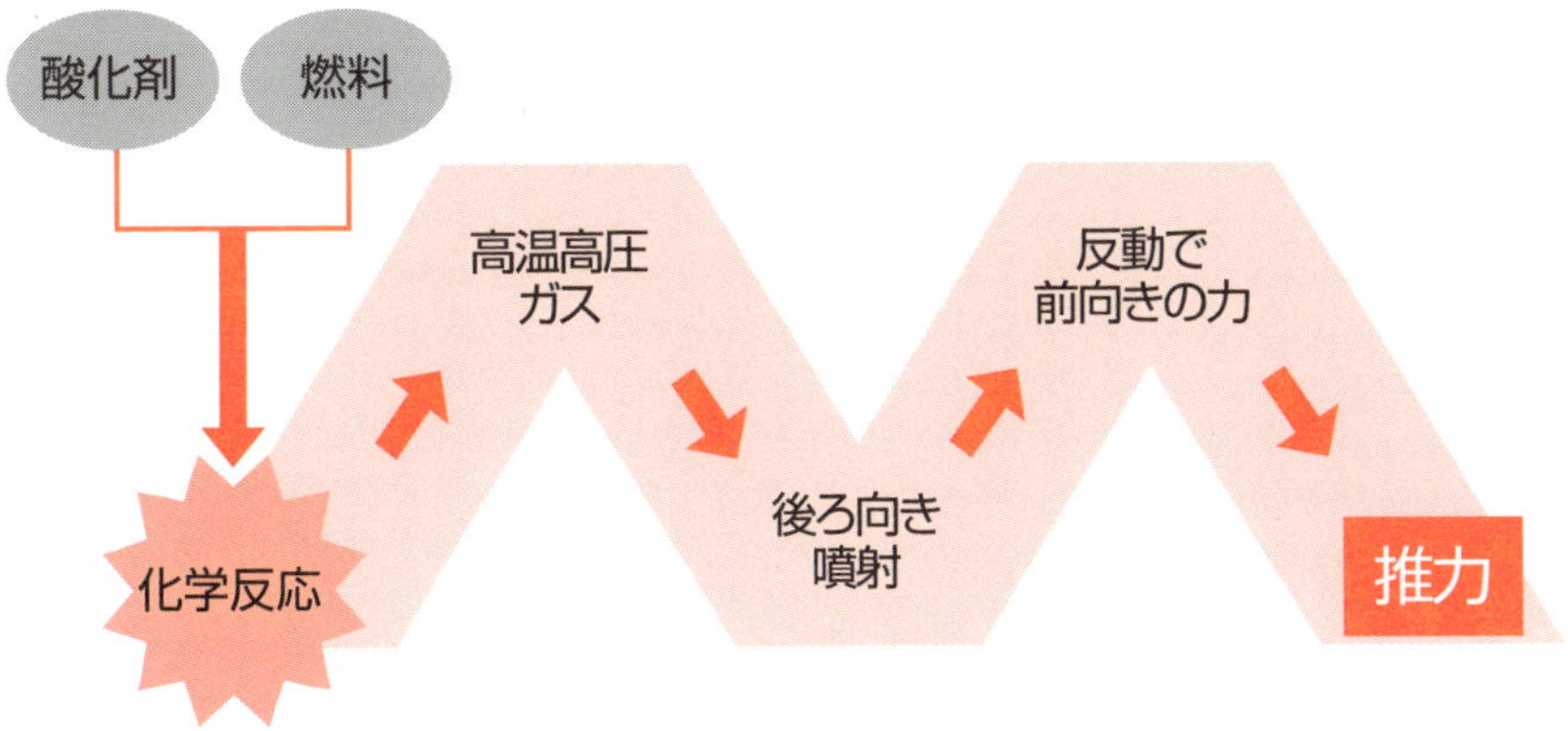

化学ロケットの種類

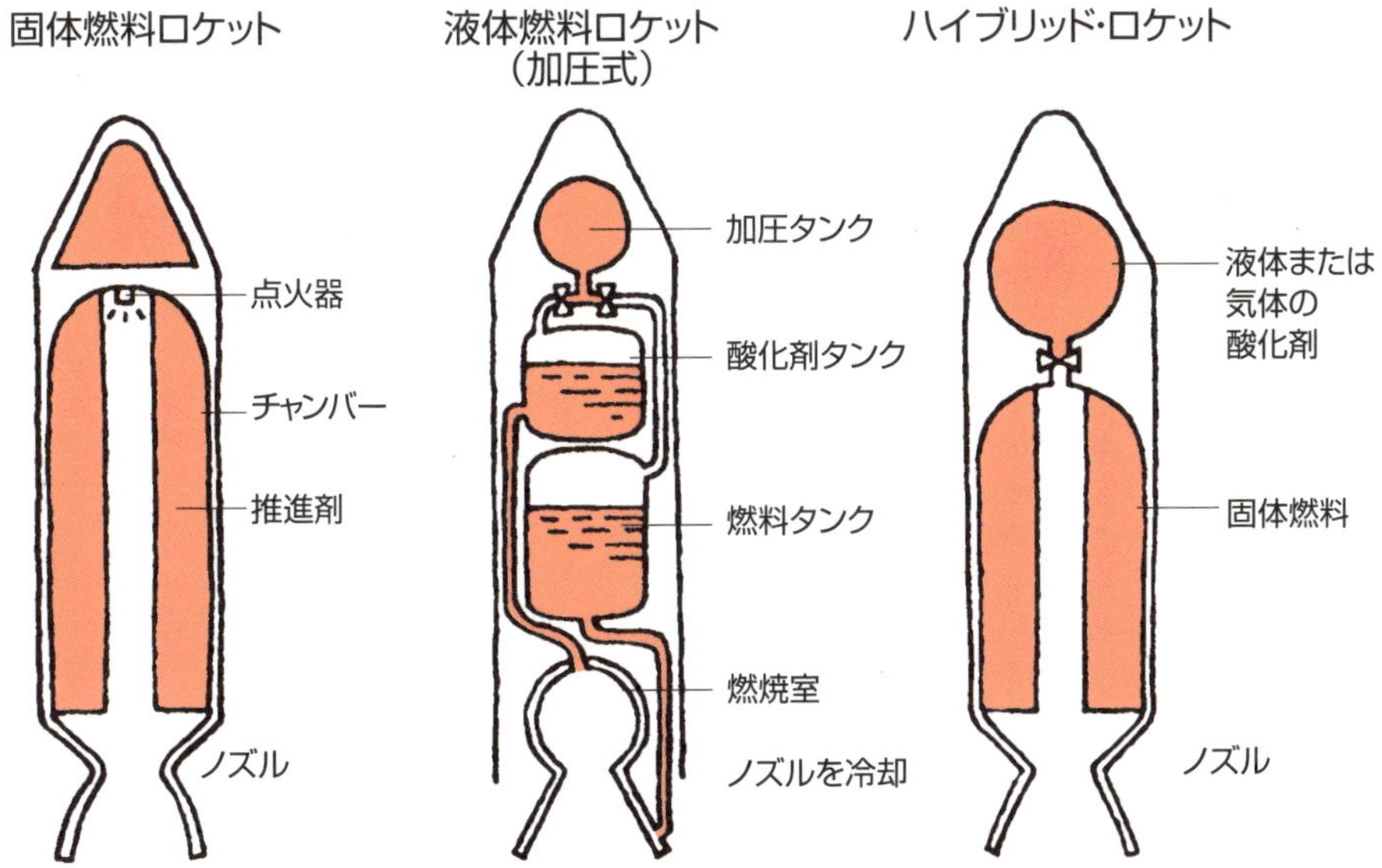

11 ロケットと運動量

「運動量保存の法則」でスピードを増す

「ロケットは反動で飛ぶ」といいましたが、それを少しくわしく説明しましょう。

今、共に時速四〇キロメートルで向かい合って走る一〇トンのトラックと一・五トンの軽自動車があります。この二台が正面衝突したらどちらが激しく壊れるでしょう。もちろん、軽自動車の方でしょう。速さは同じでも、質量が大きいほど激しい運動をしているといえます。トラックがもっと速さを出していたら、もっと悲惨な状態になっていたでしょう。つまり、物体は質量と速さが大きいほど、その運動は激しいのです。質量と速さを掛けたものを「運動量」といい、運動の激しさを表す量と定義します。

実は物体は常に、（運動の前後で）運動量を一定に保とうとする性質「運動量保存の法則」を持っています。ロケット本体は質量を持っており、あるスピードで運動しているのですから、その質量とスピードを掛け合わせた運動量を持っています。

そのロケットが高速でガスを吐き出すと、そのガス自体も当然運動量を持っているわけですが、そのガスの速度の向きはロケットの後方へ出ていくので、ロケット本体の前向きの運動量を打ち消すような働きをします。すると、そのガスが吐き出される前にもともとのロケット本体が持っていた運動量の大きさを「運動量保存の法則」によって「保存」しようとすると、逆向きにガスが減らした運動量は、ロケット本体の運動量を増やすというやり方で、つまりロケット本体のスピードを増すことによって補わなければならなくなるのです。

ガスを後方に向けて吐き出すほど、ロケット本体は加速されます。これがロケットの推進原理です。ロケットの推進原理を「作用反作用」だけで説明しようという人がいますが、これだと「吐き出すガスが空気を蹴って、そこから生まれた反作用で推進力を得る」と誤解しがちなので、お薦めできません。

要点BOX
- ●質量と速さを掛けたものが「運動量」
- ●「運動量保存の法則」により、ガスを後方に吐き出すほどロケット本体は加速

トラックと軽自動車が衝突すると・・・

質量 × 速度 ＝ **運動量**

運動量は保存される

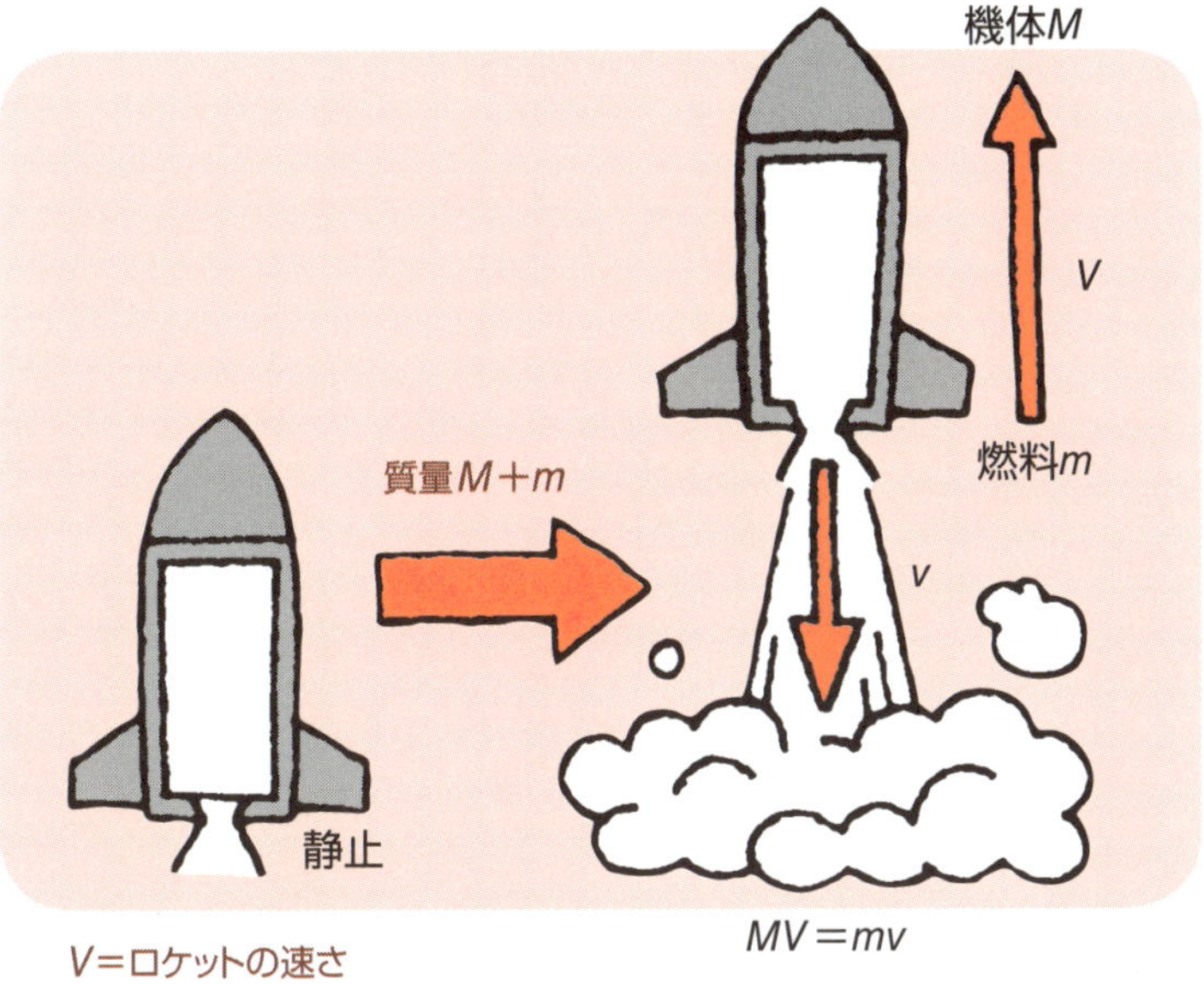

V＝ロケットの速さ
v＝後方に噴出されたガスの速さ

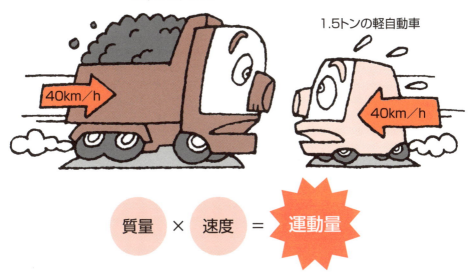

12 質量比と比推力

ロケットは推進剤のお化け

ロケットに乗せられているのは、まず積んでいる荷物(これをペイロードと呼ぶことが多い)、そして推進剤(燃料と酸化剤)、それらを容れておく機体(構造部分)の三種類です。ロケットの「最初の質量」は、これら三つの質量を足し算したものです。

燃料と酸化剤がすべて燃え切ってしまうと、ロケットはうんと軽くなるでしょう。その時の質量(最後の質量)は、最初の質量(全備質量)から推進剤の質量を引き算したものになりますね。最後の質量を最初の質量で割り算したものを「質量比」と呼んでいます。つまり質量比とは、推進剤以外の質量が最初の質量の何パーセントを占めているかを表す指標ですね。ただしこの逆数を「質量比」と呼んでいる人々もいるので、実際に使う時は要注意です。

ところでロケットには、一体どれくらいの推進剤が積まれているのでしょう。現在世界で使われている人工衛星打上げ用ロケットを調べてみると、打上げ時の重量のうち八〇～九〇%ぐらいが推進剤になっているようです。ということは、まさしくロケットというものは推進剤のお化けみたいなものだということです。

いろいろな推進剤を比べると、噴射速度の大きいものほど、推進剤の消費率が同じでも強力な推力を生み出します。たとえばある推進剤の推力が五〇〇トンで、一秒間に消費される推進剤が二トンだとすると、五〇〇(トン)を二(トン/秒)で割った二五〇(秒)が推進剤の性能(つまり噴射速度の大きさの目安)を与えてくれることになります。

それが同じ五〇〇トンの推力を有していても、毎秒の消費率が四トンだと、この推進剤の性能の目安となる値は一二五(秒)に落ちてしまいます。

推力を推進剤消費率で割った値を「比推力」といいます。比推力は、ある質量の推進剤で一定の推力が何秒間出せるかを表す指標と考えることもできます。

要点BOX

- ●質量比は最後の質量を最初の質量で割り算
- ●打上げ時重量の80～90%が燃料
- ●比推力は推力を推進剤消費率で割った値

どれくらいの推進剤が積まれているか

国・地域	ロケット	全備質量(W_T)	推進剤質量(W_P)	$W_P \div W_T$
アメリカ	デルタⅣヘビー	739(トン)	628(トン)	0.85
	アトラスV	335	305	0.91
	ファルコン9	549	488	0.89
ロシア	プロトンM	713	642	0.90
	ソユーズ2	305	270	0.89
	ゼニット3SL	471	420	0.89
ヨーロッパ	アリアン5 ECA	780	649	0.83
インド	GSLV MkⅢ	415	361	0.87
中国	長征3B	459	390	0.85
	長征2F	480	424	0.88
日本	H-ⅡA	445	381	0.86
	H-ⅡB	530	457	0.86
	イプシロン	91	80	0.88

最近はロケット技術についての情報公開に各国とも非常に慎重になっている。この表に挙げた数字も必ずしもすべて正しいとは限らない。どの国も高いW_P/W_T比を達成するために並々ならぬ努力をしていることを感じ取っていただければよい

ロケットの構成

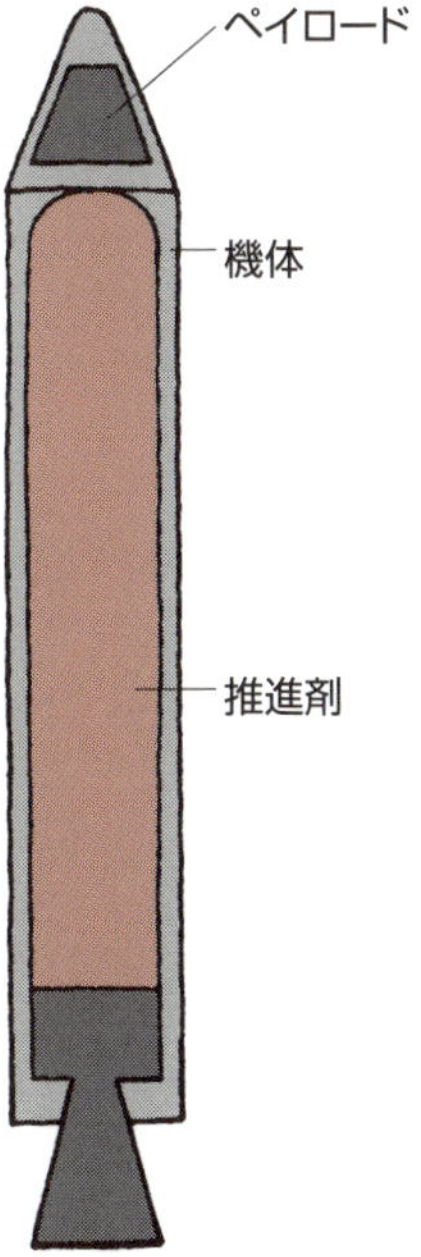

推進にかかわる指標

$$質量比 = \frac{ペイロード+機体}{ペイロード+推進剤+機体}$$

$$比推力 = \frac{推力}{推進剤消費率}$$

13 ツィオルコフスキーの公式

質量比が小さいほど、比推力が大きいほどスピードが出る

ロケットの速度を速くするには、第一に、後ろから吐き出すガスの運動量を大きくすることが考えられます。運動量は「質量×速度」ですから、まずはガスのスピードを上げること、そして噴出ガスの量を増やすことが大切です。

ロケットを速くするもう一つの工夫は、ロケットの機体をうんと軽く作ることです。噴出ガスから同じ運動量を受けても、自分が重いと、付け加わるスピードは小さくなってしまいます。

このような直感的に予想される事柄を、「燃料が燃え終わった後のロケットは、質量比が小さいほど、またガスの噴射速度が大きいほど、スピードが出る」というすっきりした形にまとめたのが、ロシア生まれの「宇宙飛行の父」ツィオルコフスキーです。

ガスの噴射速度は、比推力に地上の重力加速度を掛け合わせた値になるので、上記の事実は、「燃料が燃え終わった後のロケットは、質量比が小さいほど、また比推力が大きいほど、スピードが出る」と言い換えても同じことです。

この簡潔な関係を発見する快挙は、二〇世紀のはじめにニュートンの運動法則をロケットの運動に創造的に適用することによって成し遂げられました。

この「ツィオルコフスキーの公式」は、現在でもロケット設計の現場で使われている「スグレモノ」です。この式をツィオルコフスキーが耳の聞こえない不自由な境遇での孤独な努力で発見した時、人類は宇宙飛行への理論的手段を手に入れたのでした。

一つだけ注意があります。このツィオルコフスキーの公式は、ロケットが重力や空気の抵抗など外からの力が一切働いていないところ(自由空間)で運動している時にあてはまる公式だということです。とは言っても、この式の重要性には何の変化もありませんが……。

要点BOX
- ●質量比が小さいほど、またガスの噴射速度が大きいほど、ロケットのスピードが出る
- ●現在もロケット設計の現場で使われている

ツィオルコフスキーの公式

V：燃え終わりのスピード

c：燃焼ガスの噴射速度 $= g_0 I_{sp}$

μ：質量比 $\left[= \dfrac{\text{燃え終わりの質量}}{\text{始めの質量}}\right]$

g_0：地上の重力加速度

I_{sp}：比推力

14 ロケットのスピードを上げる工夫

ガスの噴出速度を速く、質量比を小さく

人工衛星に必要なスピードは秒速約八キロメートル。時速に直すと実に二万八八〇〇キロメートル、マッハ約二三にも達します。マラソンの距離四二・一九五キロメートルをわずか五秒強で飛んでしまうのです。こんな高速を出すためにはどんな工夫が必要なのでしょう。

ツィオルコフスキーの公式を見ると、①ガスの噴射速度を速くする、②質量比を小さくする、という二つのことが考えられます。

まず「ガスの噴出速度を速くする」方法の一つは、性能の高い推進剤を使用することです。それに加えて、エンジンの燃焼室の出口に「ノズル」と呼ばれるラッパ形のものをつけることが必要です。ノズルの働きは、噴出ガスの速度を速めることです。燃焼ガスは燃焼室の出口でいったん絞られた時に音速に達しますが、そこからだんだん広げる形にすると、ガスはさらに加速されて超音速になるのです。音速以下では通り道を細くすると加速するのですが、超音速になると通り道を広げると加速するのですから、不思議ですね。

次に「質量比を小さくする」ためには、「燃料の燃え始めと燃え終わりの重さの比が大きければいい」わけですから、ロケットの重量の中で推進剤の占める割合を大きくすればいいわけですね。事実ロケットにはたくさんの推進剤が積み込まれています。ロケットの全重量のうち燃料の占める割合は、八〇〜九〇%以上にもなります。

燃料をたくさん積めるようにする努力は、結局は「ロケット機体の質量を軽くする」努力と同じであることはお分かりになると思います。でもそのためには、軽くて丈夫な材料を使用して機体を作ることはもちろんですが、使い終わった部分を順番に切り捨てていく多段式ロケットというもう一つの工夫も見逃せません。

要点BOX

- ●性能の高い推進剤を使用する
- ●燃焼室の出口にノズルをつける
- ●機体に軽くて丈夫な材料を使う

マラソン選手とロケット

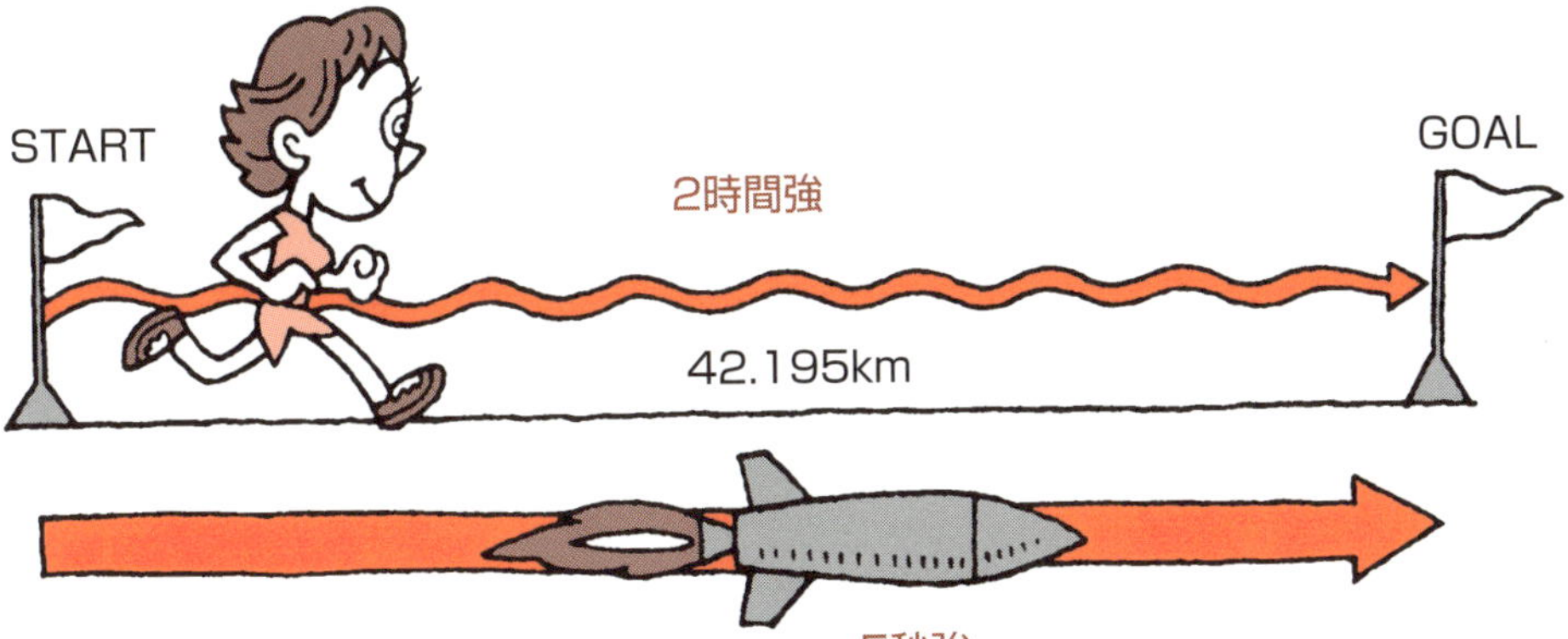

ロケットのスピードを左右する二つの量

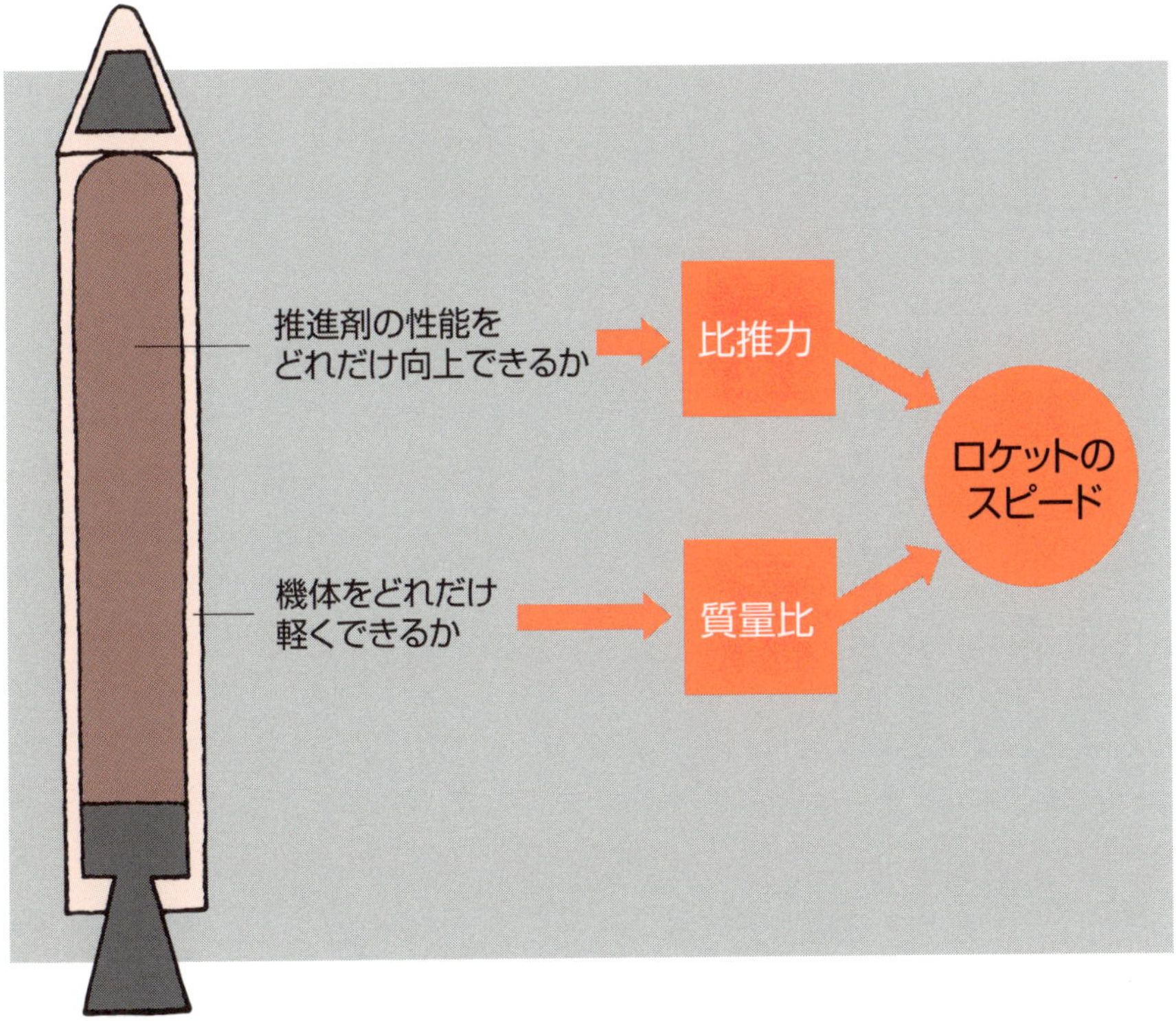

15 多段式ロケット

質量比と比推力の限界を超える工夫

ロケットの速さは質量比と比推力で決まることが分かりましたが、そのどちらにも限りがあります。機体の構造や材料から考えて、質量比は〇・一ぐらいが限度ですし、最も性能のいい推進剤でも比推力は四〇〇秒ぐらいがギリギリのところでしょう。すると積み荷が何もない場合でも、秒速九キロメートル以上のスピードは出ないことになります。

人工衛星を軌道に乗せるのに秒速八キロメートルも必要ですし、地上から出発する場合は、空気の抵抗や重力に打ちかってこのスピードを達成しなければなりません。ましてや地球を脱出するために必要な秒速一一キロメートルなんて、夢のまた夢です。そこでやはりロシアのツィオルコフスキーが提出したアイディアが「多段式ロケット」の構想です。

多段式ロケットとは、他のロケットに乗っかってある高度まで運んでもらえば、速度ゼロから出発しないだけ得をできるという考え方です。神様が十二支を決める時に、牛の背中に乗ったネズミが、到着直前にピョンと飛び降りて、ちゃっかり一番乗りを果たしたようなものです。あるいは、タカの羽に隠れて空高く舞い上がったミソサザイは、馬力あふれるタカよりも高く昇れるという話もあります。

ネズミやミソサザイは要領のよさの典型なのですが、多段式ロケットは、限られた燃料で猛スピードを出すために、燃料が一定程度燃えたところで、要らなくなったいれものを捨て、身軽になって加速の効率を上げていくという賢い合理的なやり方です。

ロケットを二段式、三段式、四段式、……というやり方で多段にすることによって、一段式(単段式)では達成不可能だったスピードを出すことができます。その際それぞれの段に使うロケット・エンジンの質量比や推進剤の比推力を考慮して、各段の重さを最も効率のよい比率に仕立てることができます。これを「ロケットの最適重量配分」と呼んでいます。

要点BOX

- ●要らなくなったいれものを捨て、身軽になって加速の効率を上げる
- ●各段の重さを最も効率のよいものにする

多段式ロケット

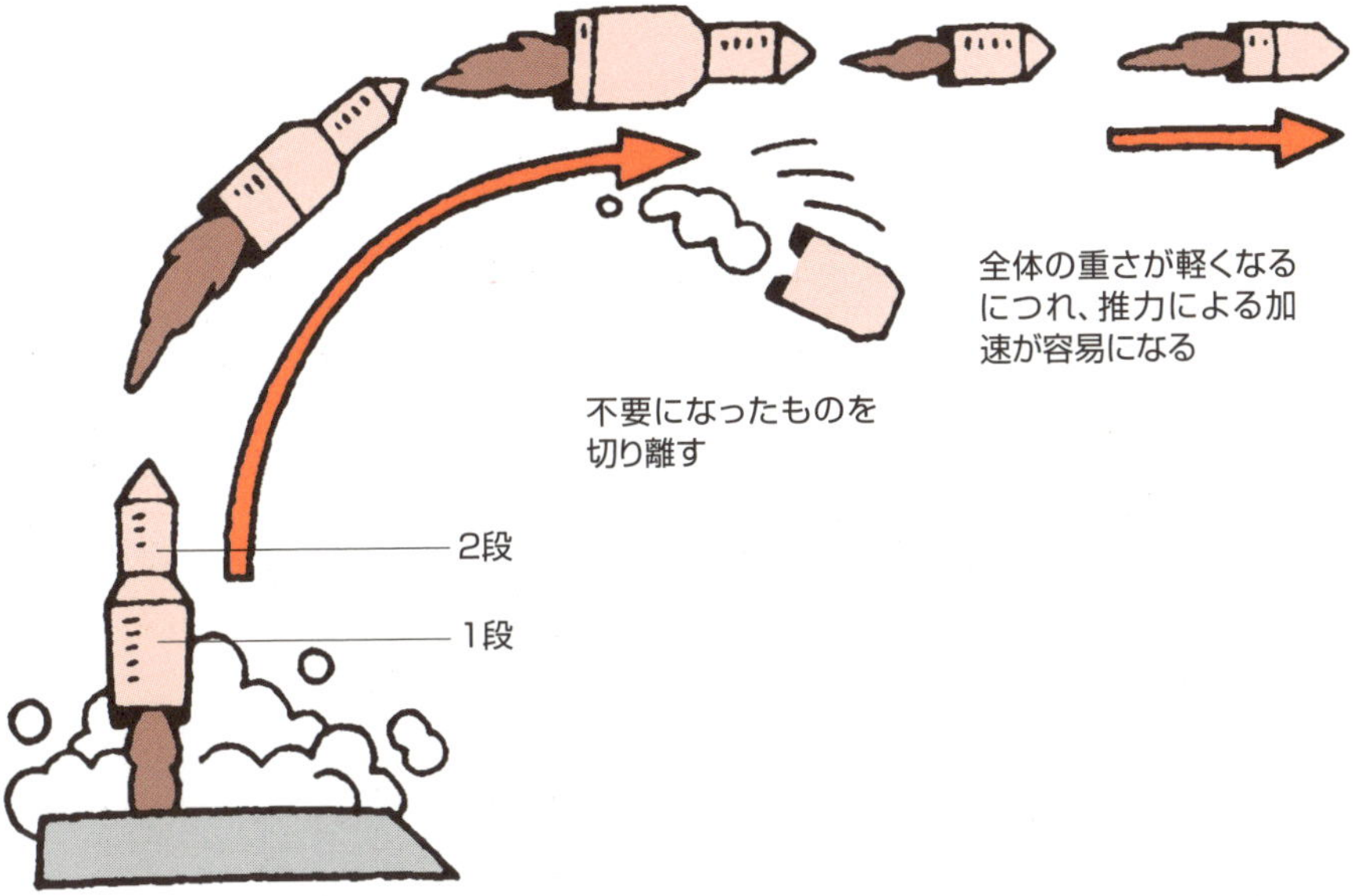
全体の重さが軽くなる
につれ、推力による加
速が容易になる
不要になったものを
切り離す
2段
1段

多段式ロケットの原理は十二支
の言い伝えの中のネズミに似
ている

Column

打上げ成功確率

　Ｈ・ⅡＢは日本最大のロケット。七号機の成功で打上げ成功率一〇〇％を維持した。Ｈ・ⅡＡは三九回打ち上げて成功率は九七・四％。いずれも国際水準の九五％を上回り、日の丸ロケットの競争力である信頼性のアピールにつながる。現在開発中のＨ３ロケットは、部品構造の共通化等で打上げコストを半減し、二〇二〇年の打上げをめざしており、信頼性に加えて経済性も見据えた今後の日本のロケットにも期待したい。

　さてその打上げ成功率であるが、すべてのロケットが成功率一〇〇％になるといいのだが、そうも行かない。私が若い頃は「フォーナイン」という言葉が流行っていて、信頼性の代名詞のように使われていたこともある。フォーナインとは、〇・九九九九。つまり九九・九九％のことで、もともとは金の純度を表す数字であったらしい。これ以上を純金と呼んだのであろう。それが品質管理に使われるようになり、一万回使っても故障は一回、失敗が「一万分の一」を意味する。

　いま複数の部品から構成されるシステムがあり、このうちどれか一つでも故障すればシステムの機能が果たせない（故障）時、このシステムを直列システムと呼ぶ。たとえば三つの部品からなるシステムで、一つの部品が故障しない確率（これを信頼度といいます）が〇・九〇であれば、システムが故障しない確率は〇・九〇×〇・九〇×〇・九〇＝〇・七二九となる。

　スペースシャトルの六〇〇万個の部品がかりに三〇〇〇個のユニットを構成し、各ユニットの信頼度がフォーナインであっても、システム全体としては〇・九九九九の三〇〇〇乗で約〇・七となる。一〇回の飛行のうち平均して七回しか成功しない！

　これに対しては冗長度を高めることで対処。有人飛行では基本的に三重の冗長性。これが故障したら、それ。それが故障したらあれ。この措置によって、シャトルは最終的には一〇〇回くらい飛んで、致命的な事故は二回だった。日本のＨシリーズも、高い信頼性を確立するために、並々ならぬ苦労を重ねている。

0.9999の3000乗は
70%の成功確率
↓
冗長性

第3章

ロケットの推進剤

ジェット機は、搭載した燃料を燃やすための酸素を周囲の空気から取り込みますが、ロケットは空気のない所も飛ぶので、酸素（または酸化剤）を自分が持っています。ロケットは他の推進機関に比べると圧倒的に多くの燃料を使いますが、燃料が燃えるにはそれよりもはるかに多い酸素が必要なので、推進剤（燃料と酸化剤）の優劣が性能に及ぼす度合いも桁外れに大きいものになります。

16 推進剤の役目

酸素は燃料の何倍も必要

分かりやすくするために航空機の場合を考えてみましょう。たとえば四〇〇〇馬力のガソリン・エンジン四基の大型輸送機で、エンジン一基が一馬力あたり毎時二〇〇グラムのガソリンを消費したとすると、一時間に使うガソリンは三・二トンということになります。するとそれを燃やすのに必要な空気の量はその一五倍の約五〇トンになります。空気中の酸素は重さで四分の一くらいですから、その五〇トンの空気の中の酸素は一二・五トン程度です。

ロケットでは酸化剤が単体の酸素だけの場合でも、ともかくそれを三・二トンの燃料と併せて積まなければなりません。ロケットの推力を大きくすることに心を砕いた宇宙ロケット開発の先達たちは、それまでに分かっていた化学反応についての知識を頼りにして、強力な推進剤を懸命に探す努力をしました。

ロケットは自分の体から物体を後ろに噴出しながら、その反動で前向きの推進力を得て飛ぶわけですが、噴出する物体は推進剤から生み出されます。

そのプロセスを時間の順に正確に言えば、まずロケット・エンジンの中で推進剤を燃やしてガスができます。その時に熱が大量に発生するのでガスが急激に膨張し、それがノズルのしくみによって超音速の流れになって、ものすごいスピードで噴出されるのです。要するに、推進剤の持つ化学エネルギーが、燃焼によって熱エネルギーに変わり、その熱エネルギーがノズルによって運動エネルギーに変わるのです。

自分で酸素を持っている種類の燃料は、爆薬と火薬に分類されます。爆薬は、音速を超える燃焼速度で爆轟《ばくごう》(デトネーション)という燃え方をするので、一挙に熱エネルギーを解放して破壊力を出し、制御がききません。一方、火薬はエネルギーを割合にゆっくり出すため、制御も可能で、銃砲の発射薬などにも用いられてきました。ロケットもこの後者のような性質をもった燃料でなければなりません。

要点BOX

- ●推進剤の持つ化学エネルギーが熱エネルギーに、ついで運動エネルギーに変わる
- ●エネルギーを制御しながら出せる燃料が必要

ジェット機とロケット

●ジェット機

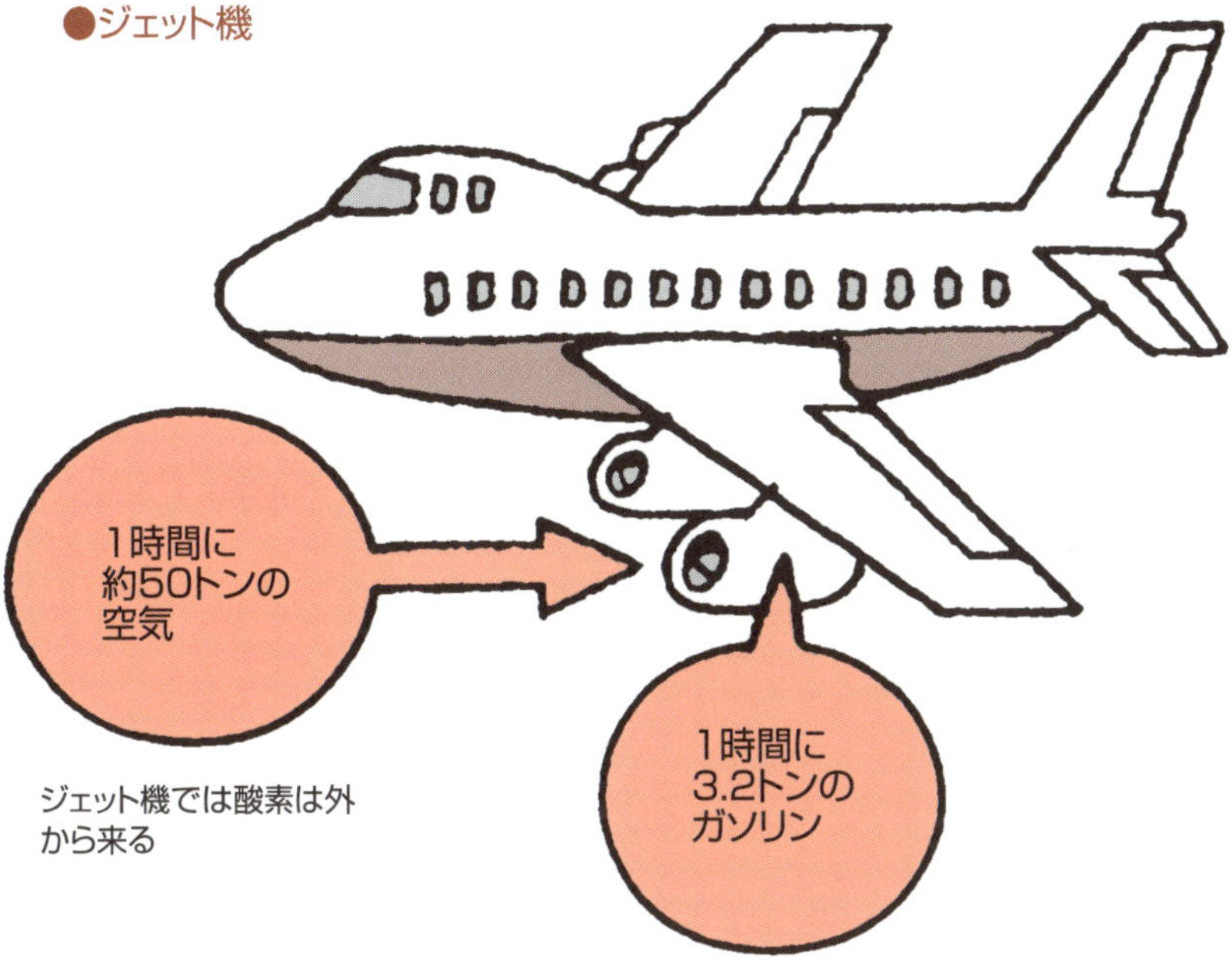

ジェット機では酸素は外
から来る

●ロケット

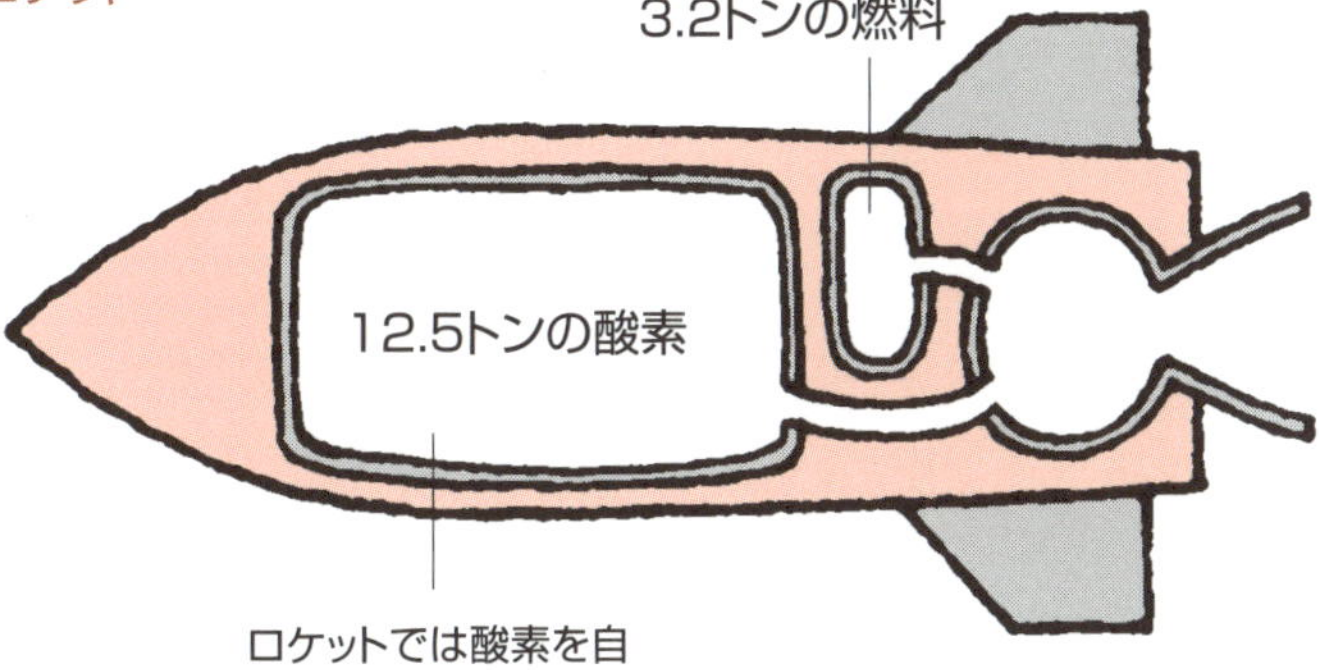

ロケットでは酸素を自
分が運ぶ

17 固体推進剤とグレイン

コンポジット系が主流

固体推進剤は一般に固体推進薬または固体推薬とも呼ばれ、火薬の一種に分類されています。固体推進薬の役目を果たすには、基本的には燃料と酸化剤があればいいのですが、それ以外に、燃料と酸化剤の間を取り持ち成形して固める粘結剤（バインダー）と呼ばれる物質が必要で、バインダーは結果的には燃料にもなります。その他にも、燃焼速度を調節するための成分（酸化鉄やステアリン酸鉛：加速用、フッ化リチウム：減速用）や可塑剤（推進剤の伸びをよくして充填時に固まらないようにするもの）なども含み、これらを成形したものを「グレイン」と呼んでいます。グレインはゴムのような物質で、事実いわゆる「砂消しゴム」と呼ばれる消しゴムと並べて置いてあると、見分けがつかないほどです。

最近の固体推進薬はコンポジット系推進薬が主流です。これは、過塩素酸アンモニウムなどの酸化剤の結晶と燃料（通常はアルミニウム）の粉末をバインダー（ポリブタジエンなどの合成ゴムやプラスチック）で固めたものです。

グレインは、中心軸方向に穴が通っています。これを、中空の穴を燃焼室にして内面から燃やしていく「内面燃焼型」と言います。最初は単純な中空が採用されましたが、燃えるにしたがって燃焼表面積が大きくなっていくので、ケースが破裂するのも心配ですね。これを防ぐために穴の形を星形、車輪型などに工夫して、燃焼表面積をある程度一定に保って、推力とケース内圧が増大しすぎないような「中立燃焼」のアイディアが出されました。

推進薬をモーター・ケースに詰める時は、桶で成分が一様になるように慎重にかき混ぜられた推進薬を、ケースの長軸に沿って真ん中に入れられた「中子」と呼ばれる物体の周りに流し込み、推進薬が冷えきって固まる前に中子を引き抜きます。すると中子の断面が中立燃焼を保証する穴として残るのです。

要点BOX
- 固体推進薬は燃料、酸化剤、粘結剤、可塑剤などで構成
- 中空の穴を燃焼室にして内側から燃やす

固体推進薬の種類

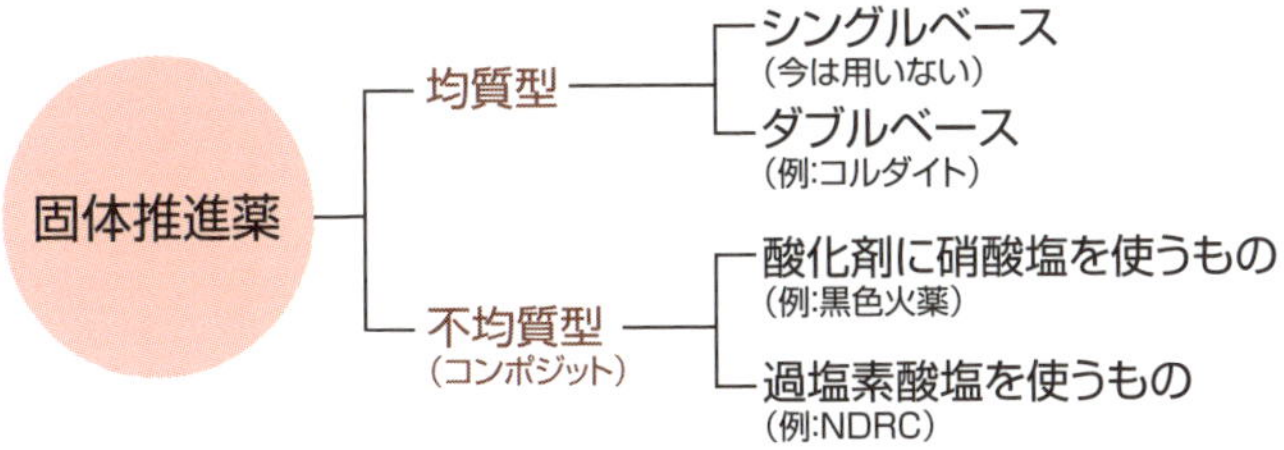

固体推進薬 = 燃料+酸化剤+粘結剤(バインダー)
+燃焼速度調節剤+可塑剤

グレイン形状と燃焼曲線

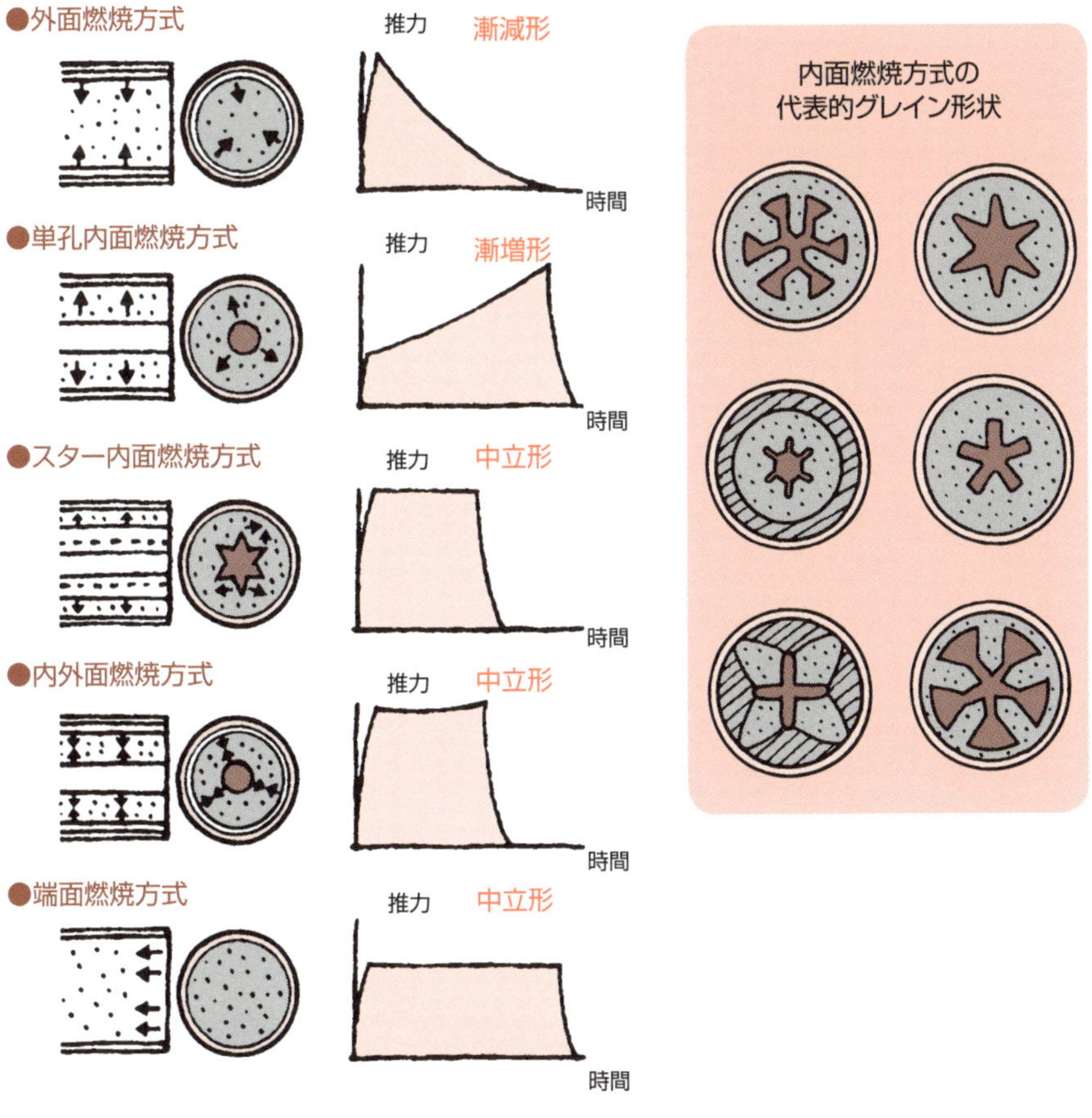

18 液体推進剤

密度や取り扱いやすさ、貯蔵性が決め手

液体推進剤の燃料と酸化剤についても、過去にさまざまな物質や組合せが試されました。密度や取り扱いやすさ、貯蔵性などが推進剤を選ぶ決め手です。

第二次世界大戦中にドイツで開発されたV－2ロケットでは、エチルアルコールを混ぜて燃料にしました。フォン・ブラウンは、エチルアルコール（七五％）と水（二五％）に水を混ぜると冷却特性がよくなり、燃焼温度が下がって燃焼室の設計が楽になる点に着目したのでしょう。しかし性能そのものは低いです。

現代の大型ロケットでは、酸化剤には主として液体酸素が使われ、タイタンやアリアン4のように、四酸化二窒素（NTO）を用いるものもあります。燃料としては液体水素やさまざまな炭化水素系の燃料（ケロシンやRP－1など）が用いられています。

■液体水素　最も軽く（比重〇・〇七）、最も冷たい（沸点二〇ケルビン）燃料です。密度が小さいのでタンクがかさばる厄介さはありますが、液体酸素と組合せると毒性が全くなく、性能も高いものです。

液体水素と液体酸素の組合わせが最も高性能であると見抜いたのは、ツィオルコフスキーです。一〇〇年も前に理論的に見抜いたのですから、驚きですね。

■ヒドラジン系燃料　ヒドラジンとその誘導体であるMMH（モノメチルヒドラジン）、UDMH（非対称ジメチルヒドラジン）、エアロジン50などが使われています。有毒です。

純粋なヒドラジンは他の物質と反応して分解しやすいので、主として一液推進剤として使われます。MMHはより安定なので、NTOとの組合せで衛星の推進系として使われています。UDMHもより安定で、液体酸素やNTOと組合わせて用いられます。

■炭化水素系燃料　石油から精製されるガソリン、灯油（ケロシン）、ディーゼル油、ジェット燃料などは、一般に取り扱いやすく、性能もよく、安価で大量に供給できるため、ロケット燃料として適しています。

要点BOX
- ●液体水素は液体酸素と使うと性能が高い
- ●ヒドラジン系燃料は純粋なものは一液推進剤として、他は液体酸素やNTOと組合わせて使う

代表的な液体推進剤

推進剤	液体酸素	液体水素	ヒドラジン	MMH	UDMH
化学式	O_2	H_2	N_2H_4	CH_3NHNH_2	$(CH_3)NNH_2$
分子量	32	2	32	46	60
融点K	54.4	14.0	274.7	220.7	216
沸点K	90.0	20.4	386.7	360.6	336
比熱 cal/g·K	0.4	1.75*	0.736	0.688	0.649
	(65K)	(20.4K)	(293K)	(293K)	(298K)
	–	–	0.758	0.725	–
	–	–	(338K)	(393K)	–
比重	1.14	0.071	1.023	0.879	0.611
	(90.4K)	(20.4K)	(293K)	(293K)	(228K)
	1.23	0.076	0.951	0.863	0.850
	(77.6K)	(14K)	(350K)	(311K)	(244K)
蒸気圧 MPa	0.0052	0.2026	0.0014	0.0075	0.0130
	(88.7K)	(23K)	(293K)	(300K)	(289K)
	–	0.87	0.050	0.689	0.80
	–	(30K)	(366.5K)	(428K)	(339K)

*沸点における値

ロケット燃料に適するように精製した灯油はRP-1と呼び、液体酸素と組合わせて多用されている。性能は中程度であるが、安価で大量に入手でき、貯蔵性もあり、取り扱いが容易

●最近注目されている「液化メタン」の特徴
★燃料タンクを小さくできる
★爆発しにくく安全性が高い
★入手が容易で値段が安い
【メタンを燃料に使っているロケット】
中国のベンチャー企業の「朱雀2号」(2023年7月)
アメリカのULAの「ヴァルカン」(2024年1月)
アメリカのスペースX社「スターシップ」(開発中)
日本のベンチャー企業ISTの「ZERO」(開発中)

19 液体推進剤のタンク

容れておき供給する

推進薬の存在している現場で燃やす固体推進薬と違って、液体推進剤ロケットでは、推進剤を保存し供給するシステム(タンク系)とそれを燃やして噴出させるシステム(エンジン系)が分離されています。

エンジンについては次の章で述べるので、ここではタンク系についてお話しましょう。タンク系は、推進剤を容れておくタンクと、推進剤を供給する装置という二つの機能に分かれます。燃料と酸化剤の双方が、この収納と供給という二つの働きをするコンポーネントを持っています。

■推進剤タンク　燃料と酸化剤を容れておき所定の圧力でエンジンへ送る仕事を受け持ちますが、ロケットの機体の一部として構造部材の性格も持ちます。

■推進剤の供給　タンクから出てきた推進剤をエンジンの燃焼室に送り込む必要がありますが、そのために使われるやり方は、ガスの圧力で押す方法(ガス押し方式)またはターボポンプを使う方法です。

①ガス押し方式：大容量で高圧の気蓄器にガスを容れ、一定の圧力まで減圧(調圧)して、推進剤タンクを加圧します。その圧力で推進剤をエンジンへ圧送します。しくみはシンプルですが、要求される圧力が高くなればなるほど、推進剤タンクの肉厚が増加して重くなるので、大型ロケットの下段には向きません。加圧用ガスとしては、軽量化のため普通は極低温のヘリウムが用いられますが、燃焼室の再生冷却した低温の水素ガスを分岐させて液体水素のタンクの加圧に用いることもあります。

②ターボポンプ方式：ポンプを使って推進剤を燃焼室に圧送するやり方です。この方式だと、タンクは低圧でいいので軽量化が可能です。ターボポンプの他にそれを駆動するためのガス発生器等も余分に必要になりますが、ポンプの馬力を上げれば推力も上げられるので、設計の自由度が極めて広がる利点があります。

要点BOX
- ●タンクには推進剤の収納と供給の役割
- ●燃料と酸化剤それぞれにタンクを持つ
- ●供給はガス押し方式とターボポンプ方式

タンクのはたらき

燃料タンク
- 容れておく(収納)
- 燃焼室へ送る(供給)

酸化剤タンク
- 容れておく(収納)
- 燃焼室へ送る(供給)

推進剤の供給方式

●ガス押し方式

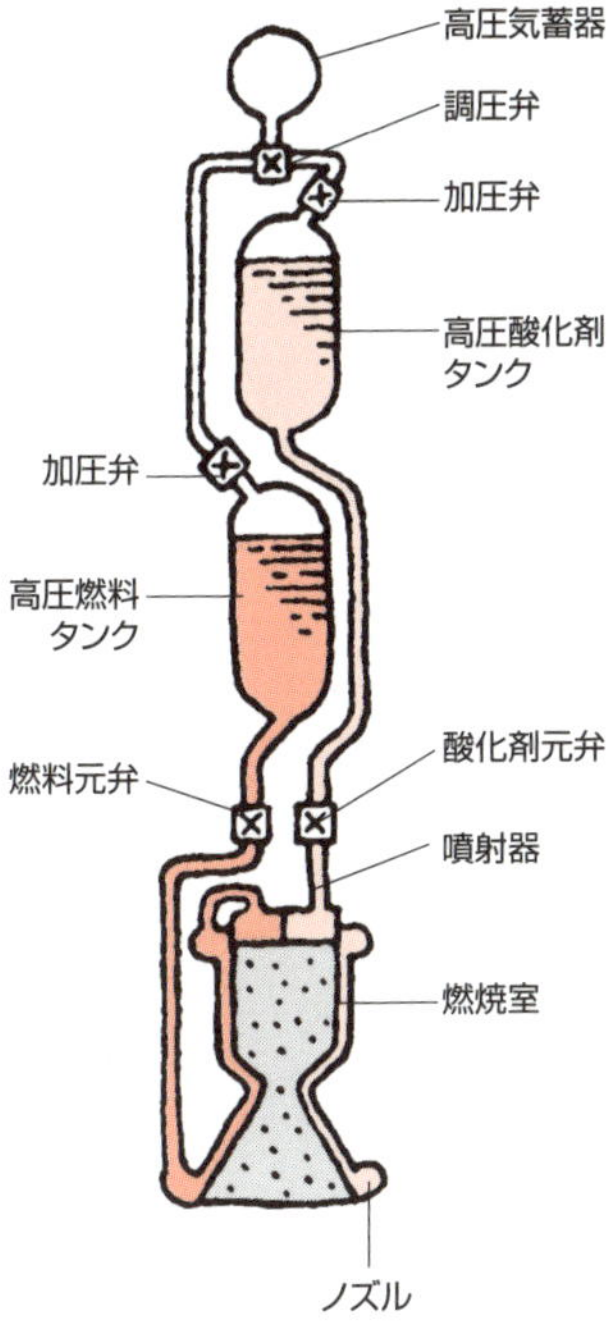

●ターボポンプ方式

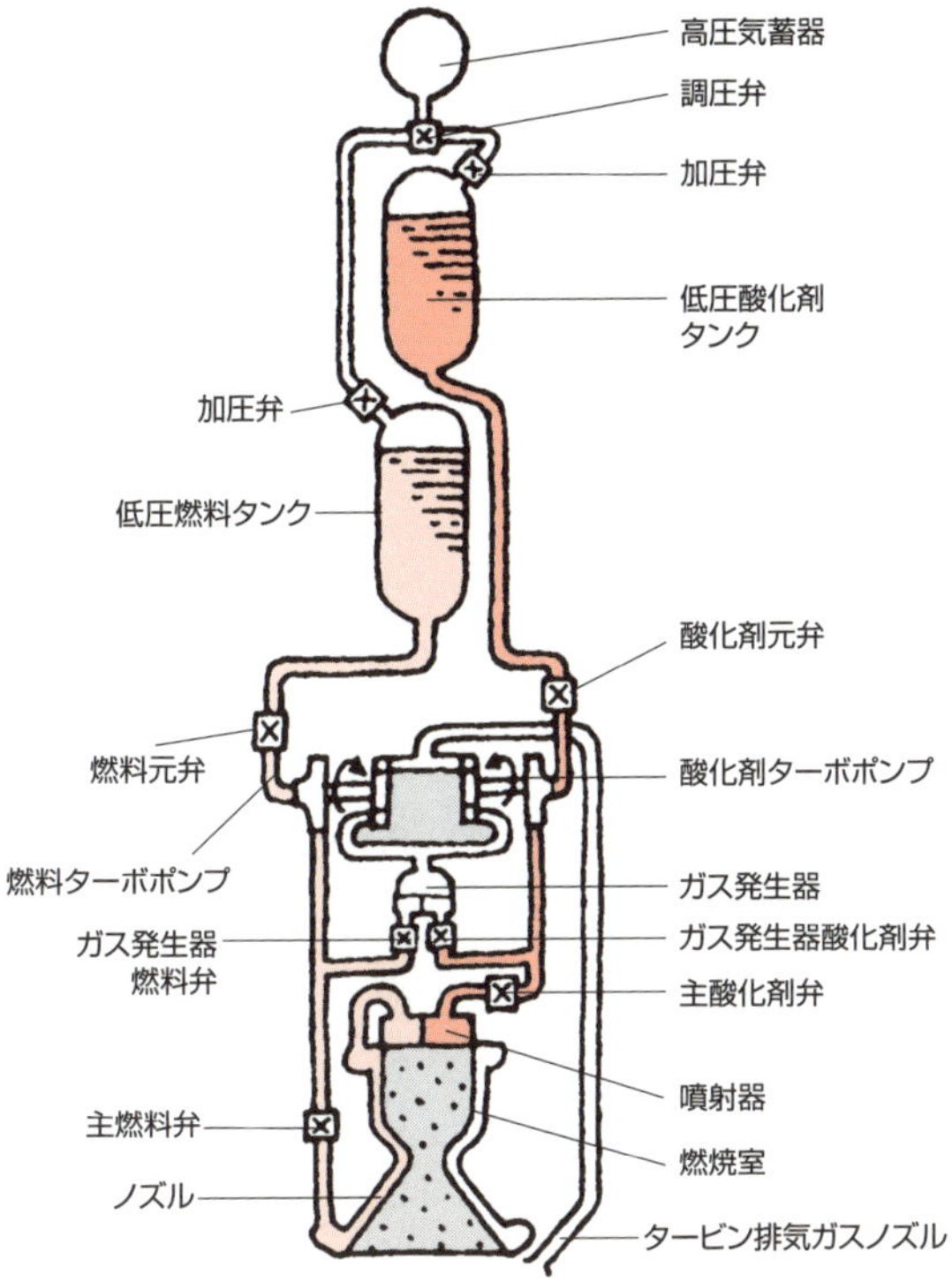

ターボポンプ方式は、大推力で長時間の燃焼が必要な場合に採用される

20 固体ロケットと液体ロケットの違い

高性能な液体、シンプルな固体

燃料が固体か液体かで、どのような違いが出てくるのでしょうか。

真っ先に考えられるのは、固体は燃え始めると消すのが難しいですね。液体は燃料や酸化剤をタンクから燃焼室へパイプで送るので、途中に蛇口の役割を果たすものをつけておけば、いつでも燃焼を止められます。いったん止めた後でも、再着火・再々着火もできます。液体燃料は、燃え方を激しくしたり緩やかにしたりして推力の大きさを制御できるという圧倒的な長所があります。

また液体は、推進剤の重量あたりのエネルギーが高いという長所がありますし、タンクを大きくすればどんどん大型にもできるわけです。

しかし、水が氷に比べてかさばるのと同じ理屈で、液体は固体に比べるとかさばります。そして液体ロケットのエンジンは、パイプやポンプなどがあってシステムが非常に複雑です。その点、固体燃料ロケットは構造が簡単で、扱いやすいのです。重量あたりの性能は少し低いのですが、高密度の推進剤が使用できるためコンパクトな推進システムを作り上げることができます。おまけに燃料の保存が容易であるなどの長所があります。

わが国のロケットは、ペンシルという小さな固体燃料ロケットから開始され、それが極限にまで性能を高められ、一九九〇年代にM‐Vという世界最大・最高の固体ロケットに成長したというユニークな歴史を持っています。しかも一方では、液体燃料ロケットもH‐ⅡAロケットを世界の最高水準にまで到達させています。固体は宇宙科学研究所、液体は宇宙開発事業団が別々に開発を担当し、統合してJAXAができるまでは、それぞれが固体と液体の各々の良さを徹底して追求することができたからでしょう。今後も固体ロケットと液体ロケットの長所を活かしながら、世界の最前線で活躍してほしいですね。

要点BOX
- 構造が簡単で扱いやすく高密度な固体燃料
- 燃え方の制御ができる高性能な液体燃料
- 日本のロケットは固体も液体も世界最高水準

LE-7Aエンジン

H-ⅡAとH-ⅡBロケットの第1段に使われているLE-7Aエンジン

化学ロケットの長所と短所

	固体ロケット	液体ロケット
長所	●構造が単純 ●オペレーションが容易 ●推進剤がかさばらない ●燃料の保存が容易	●制御しやすい ●大型化が容易 ●燃料の性能が高い
短所	●制御しづらい ●大型化が難しい ●燃料の性能が低い	●構造が複雑 ●オペレーションが難しい ●推進剤がかさばる ●燃料の保存困難

21 庶民の味方ハイブリッド・ロケット

環境にやさしく安全で扱いやすい

燃焼の性能がすぐれている燃料は、液体でも固体でも気体でも、爆発の可能性を秘めているので、非常に注意して扱わないと危険です。そこで近年注目を集めているのが、ハイブリッド・タイプのロケットです。自動車では当たり前になってきたハイブリッドですが、ロケットの場合は、固体と液体・気体といった相の異なる2種類の推進剤を使うエンジンシステムを「ハイブリッド」と言います。

一番研究が進んでいるのは、固体燃料を燃焼室につめておき、そこへ液体か気体の酸化剤を送って燃やし、生成したガスを後ろに噴射してその反動で前へ進む方式です。たとえば世界初の民間有人宇宙船であるスペースシップ・ワンのエンジンは、このハイブリッドのシステムを採用しています。

固体燃料ロケットの推進剤には、酸化剤として過塩素酸アンモニウムが含まれており、そのため燃焼ガスに塩素化合物が含まれます。ところが塩素化合物は、有毒で発がん性があり、酸性雨の原因になるし、オゾン層の破壊をもたらす元凶でもあります。その点、ハイブリッド・ロケットは、扱いやすさでは構造が簡単な固体燃料ロケットに劣るものの、地球環境問題への配慮も併せ考えると、非常に将来有望なタイプであると期待されています。

もう一つ、ハイブリッドは、燃焼生成物の分子量が小さく、従来の固体燃料ロケットよりも高い比推力にできるという利点もありますし、製造・運搬・取り扱いの際の危険性が非常に低いことからも歓迎されているのです。庶民の味方ですね。安全で扱いやすいことから、日本でも神奈川大学・東海大学・千葉工業大学・鹿児島大学など、全国の大学で研究・開発が進み、北海道大学のカムイロケットは大樹町で打上げを行っています。

ハイブリッド・ロケットは、未知の可能性を無限にもつ楽しみなロケットです。

要点BOX
- ハイブリッドは、固体と液体・気体の相の異なる2種類の推進剤を使うエンジンシステム
- 地球環境に優しく、安全で扱いやすい

ハイブリッド・エンジン

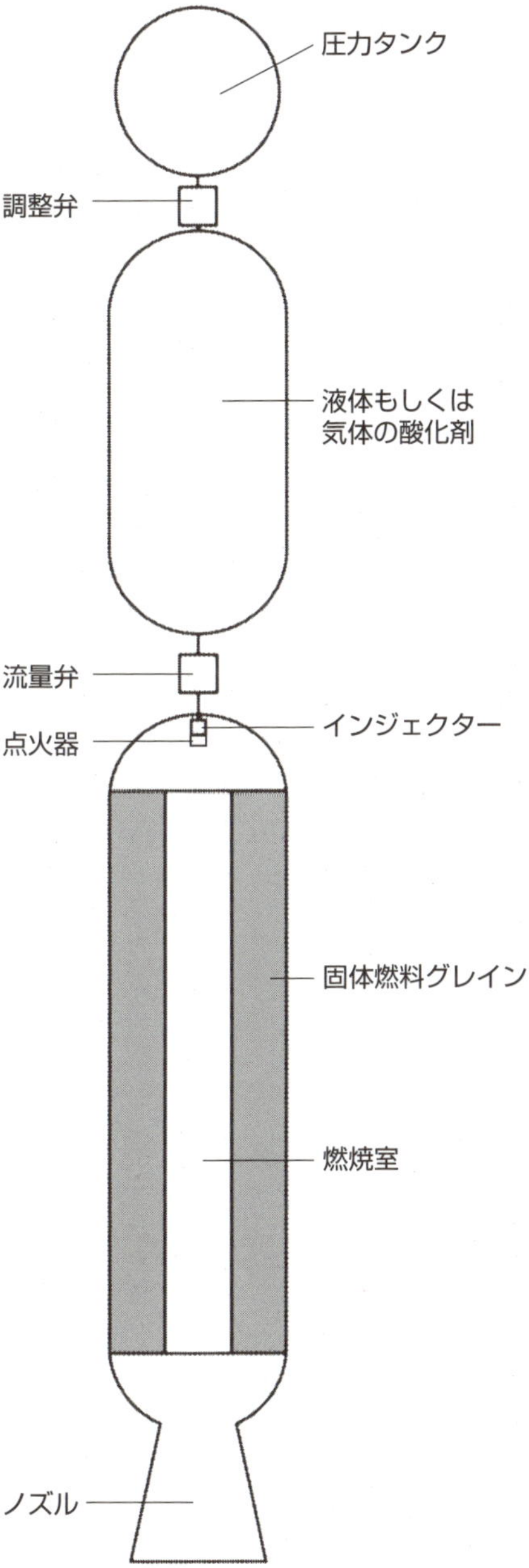

スペースシップ・ワンの飛行

ロケットエンジンの種類

	液体推進剤	固体推進剤	ハイブリッド
燃料	液体	固体	固体
酸化剤	液体	固体	液体

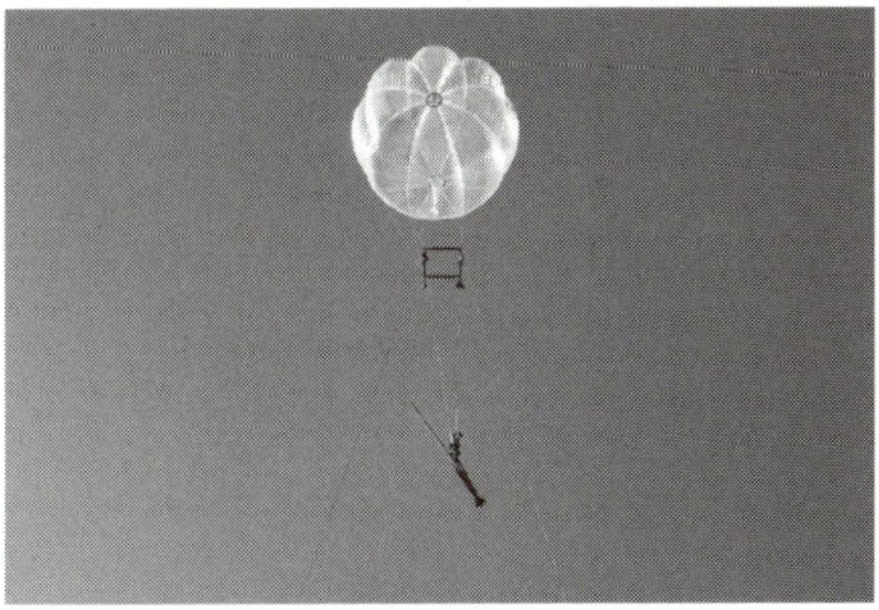

日本の宇宙ベンチャー「AstroX（アストロエックス）」は、気球に発射ランチャーを取り付け、空中からハイブリッド・ロケットを打ち上げる「ロックーン方式」に挑戦している

Column

「かぐや」搭載のハイビジョン・カメラ

二〇〇七年九月に打ち上げた月周回衛星「かぐや」は、当初のプロジェクト名を「セレーネ」(SELENE)といい、統合前の宇宙科学研究所と宇宙開発事業団が四つに組んだ初の共同プロジェクトだった。

搭載機器が議論の末に決まった頃のこと。私はNHKが「クローズアップ現代」で向井千秋さんの2回目のフライトを取り上げるというので、解説のために渋谷に出かけた。帰りに番組プロデューサーの南さんと歩いていて、喫茶店に立ち寄った。南さんが「NHKの技術研究所がハイビジョンカメラを開発中」と言う。SELENEに搭載したら、月面から昇ったり沈んだりする地球の姿が動画で見られるなと思い、それを話したら、エンジニアに相談してみると。

翌日早速電話があり、「ぜひ」と言われたまではよかったのだが、それから蜂の巣をつつくような騒ぎに。搭載機器はすべて決定した直後である。ハイビジョンのカメラを積むには、どれかを下ろさなければならない。プロマネを始めとする大反対に会った。粘った。「プロジェクトは税金でやっているんだし、国民に自信をもって還元できるような映像を提供するのも大事な仕事なんじゃないか」。チームにいた「月の大家」水谷仁さんが熱心にサポートしてくれた。

結局許可がおりたが、NHKの持ってくるカメラが宇宙仕様に成長するまでが大変。テストのたびにうまく行かなくて、「下ろせ下ろせ」の大合唱。でも何とか打上げまで漕ぎつけた。

打ち上げてしばらくして地球から一一万キロメートルあたりに来た時、撮像テストをすることに。その時のムズムズした気持ちを言葉で表すのは難しい。うまく映らなかったらどうしよう。あれほどの反対を強引に押し切ったのに……。そして届いた。目の覚めるような素晴らしく美しい地球。そして到着してからは数々の月面を前景にした地球の鮮明な姿。海外からも絶賛された。

第4章

ロケット・エンジン

いわゆる「ロケット・エンジン」という言葉は、液体推進剤のロケットに対して使います。固体推進剤の場合に限って「ロケット・モーター」と呼ぶ慣わしです。英語でも同じです。いずれにしろ「ロケットのいのち」とも言われる装置です。そのしくみのあらましをのぞいてみましょう。

22 ノズルの役割

高速で噴射、大きな推進力を生む

固体ロケットや液体ロケットのエンジンについての話題に入る前に、両方に共通した大切なことについて一言述べておきましょう。

ロケットのお尻には必ずスカート形の膨らみがついていますね。このスカート形の部分を「ノズル」と呼びます。ロケット・エンジンの内部で燃料を燃やしてできたガスを、最後に高速で噴射させて大きな推力を生み出すのに欠かせない部分です。

一般にノズルというのは吹き出し口のことを言うのですが、ロケットのノズルの場合は、いったん細くなった後で末広がりになっています。

このような先細になってから末広がりになるノズルはスウェーデンのド・ラヴァールが発明したもので、主として蒸気タービンで用いられていました。このラヴァール・ノズルでは、うまく設計すれば、燃焼ガスがまず先細になっていくところで加速していって、最も細くなっている部分（スロート）でちょうど音速に達し、ついで末広がりの部分で超音速での加速が行われます。スロートを通るガスが音速以上になれないのは、ガスが音速になると、スロートの下流での低圧が上流に伝わらなくなるからです。

末広がりの部分の効果、つまりここでの流れの圧力の減り方と速度の増し方は、主にノズル出口の面積とスロートの面積との比によって決まります。この比を「膨張比」と呼びます。

末広がりの角度が小さければ、ガスの流れが粘性のために壁からあまり離れないので、擾乱による損失が小さいのですが、その場合は一定の膨張比を達成するのに長いノズルが必要になります。逆に長くなりすぎると、摩擦が大きくなりすぎて損失も増大するので、膨張比にはどこか最適な値というものが存在することが予想されます。上段のノズルの場合、打上げの時には畳んでおいて、使う時になって伸ばす「伸展ノズル」という工夫をすることもあります。

要点BOX

- ●ロケットのノズルはいったん細くなって、末広がりに
- ●ノズル出口の面積とスロートの面積の比を「膨張比」と呼ぶ

ノズルの構造

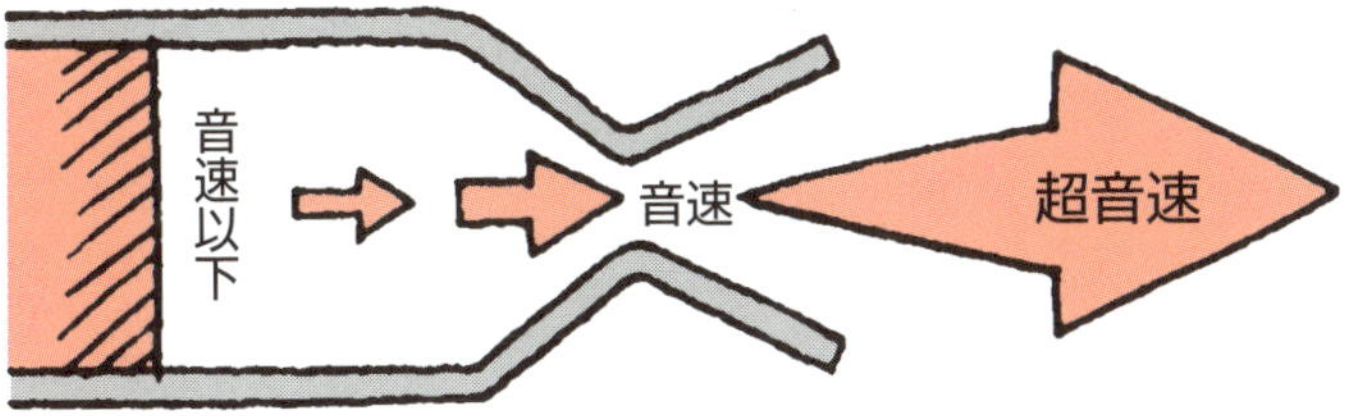

ノズルの効果によって
噴射ガスが加速される

膨張比

燃焼室圧/排気圧	出口面積/スロート面積	出口直径/スロート直径
20	3.2	1.79
30	4.2	2.05
40	5.2	2.28
50	6.2	2.49
100	9.7	3.12
500	30.9	5.56

γ =1.3として　γ:比熱比（定圧比熱と定容比熱の比）

伸展ノズルのしくみ

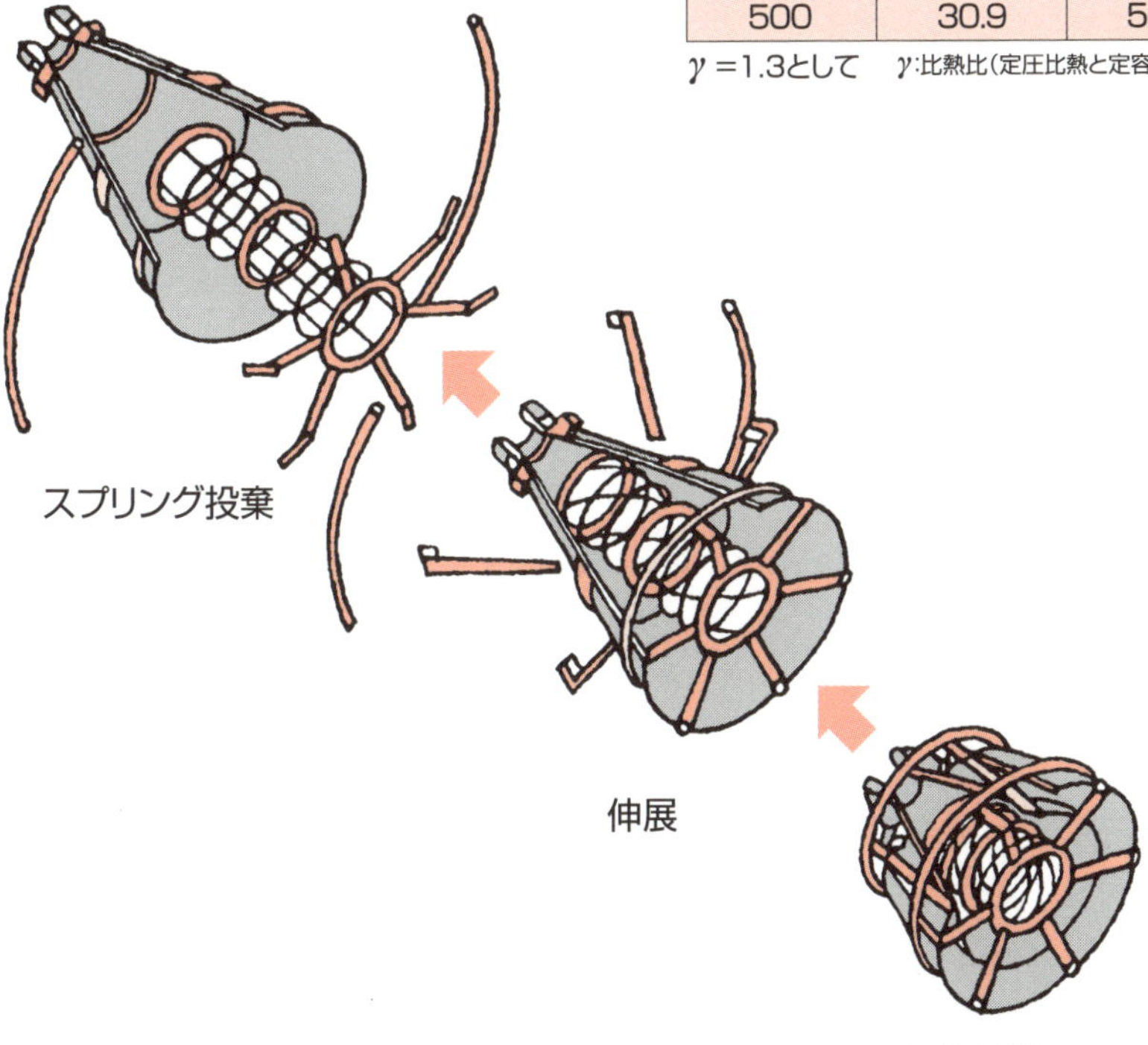

23 固体ロケット・モーターのしくみ

モーター・ケース、推進薬、ノズル、点火器からなる

固体ロケットのエンジンは、慣習として「固体モーター」と呼ばれます。固体モーターはモーター・ケース、推進薬、ノズル、点火器からなっています。

■モーター・ケース　固体ロケットのモーター・ケースは、もちろん推進薬を収納しておくタンクの役割がありますが、同時に高温高圧で推進薬を燃焼させる部屋でもあります。そしてロケット本体の外壁構造を形づくる強度部材も兼ねています。

ロケットの推進薬には、いきなり火がつくのではありません。まず点火器に火がつき、その火が主推進薬に燃え移り、高温高圧の燃焼ガスが発生します。ロケットの前の方はふさがれていますから、ガスは仕方なく後ろの方へ流れていきます。ここまでがモーター・ケースの中で起きること。そして末広がりのノズルの「魔法」で超音速に加速され、後部から噴出して推力を作り出すのです。

■点火器　小型のロケット・モーターに用いられるのは、「ペレット型点火器」です。電気信号によって発火薬に点火して一次点火薬を燃焼させると、それによってさらに黒色火薬や金属と酸化剤の混合物などの主点火薬が燃えるしくみになっています。そこで発生する火炎が主推進薬グレインの表面に作用して、燃焼が始まります。発火薬を容れた電気雷管を「スクィブ」と呼びます。

大型のロケット・モーターには、「モーター型点火器」が使われます。機構としては立派な小型のロケット・エンジンで、その噴出する燃焼ガスによって主推進薬グレインに点火します。発火薬と一次点火薬はペレット型と同じですが、主点火薬には通常のコンポジット燃料が用いられる場合が多いようです。

細長い円筒ケースでは、点火器がモーターの前の方の鏡板中央につけられる場合が多いのですが、球形のモーターの場合には、ケース後方のノズル外周部につけられることもあります。

要点BOX
●モーター・ケースはタンクであり、燃焼室である
●点火器は、一次点火薬を燃焼させ、主点火薬を燃やす

固体ロケットの主な構成

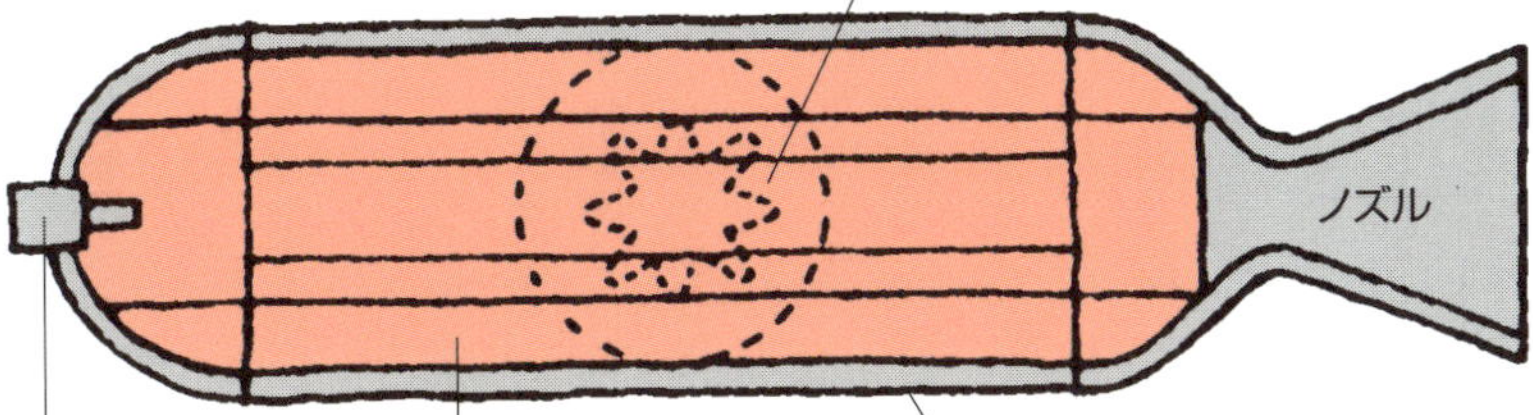

点火器の2つのタイプ

●ペレット型点火器

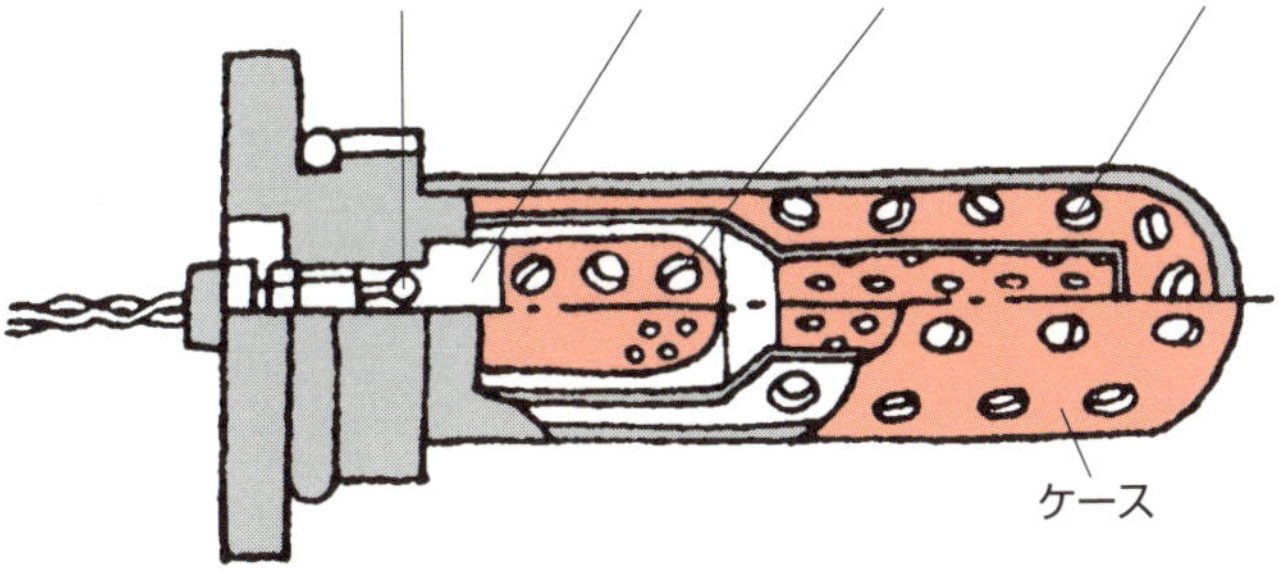

●モーター型点火器

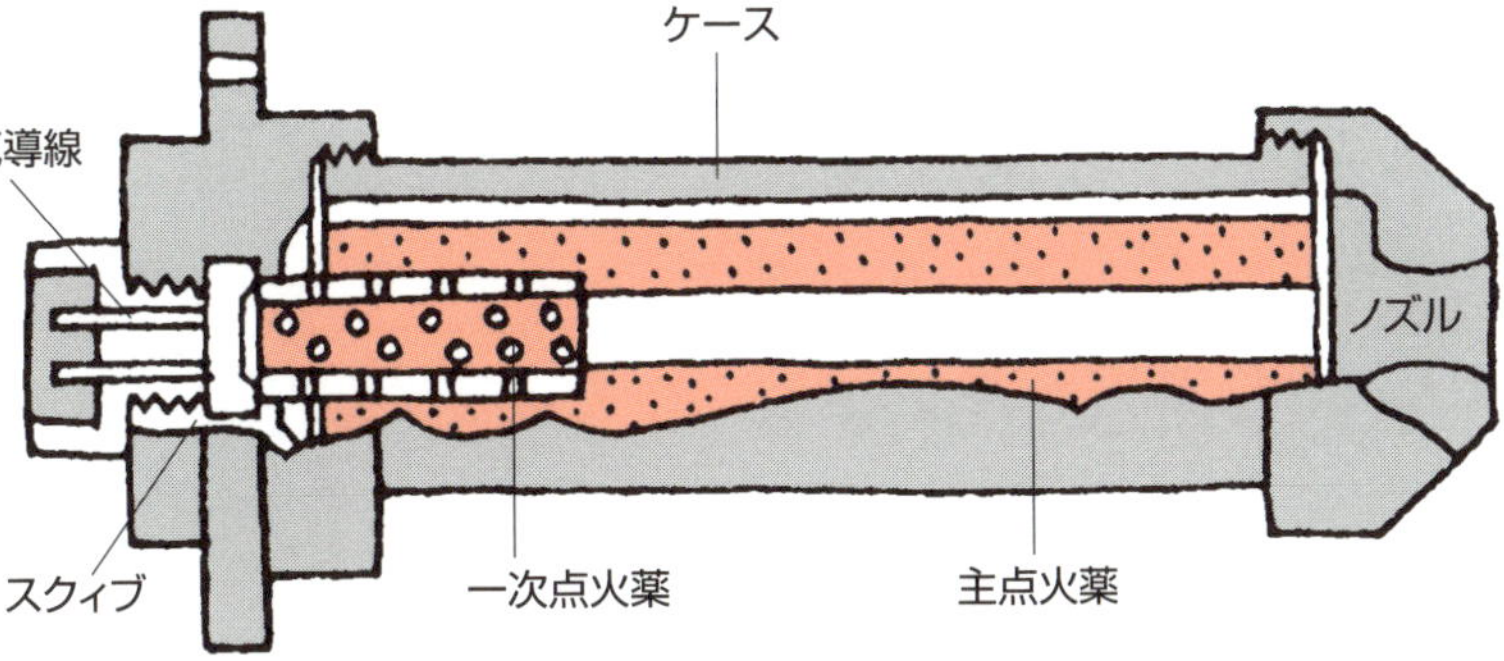

24 液体ロケット・エンジンのしくみ

燃焼室で推進剤が燃え、できた高温ガスが吹き出す

液体推進剤ロケットでは、別々のタンクに容れられた燃料と酸化剤が、ガス押し方式あるいはターボポンプ方式によって、燃焼室の頭部にある噴射器（インジェクター）によって噴射され、混合し燃焼して燃焼室に送り込まれます。ただしその前に推進剤の一部は回り道をしてから燃焼室に到達することが多いようです。

燃焼室に入った推進剤は、急に圧力が低くなるため分裂して細かい霧になります。ここで推進剤が燃やされてできた高温ガスが、ノズルを通って高速で噴き出されて推力が生み出されるわけです。

これをエネルギーの変換という観点から眺めると、まず推進剤の持っている化学エネルギーが、燃えることによってガスの熱エネルギーに変換されます。そのガスの熱エネルギーが、末広がりのノズルの働きで噴射ガスの運動エネルギーに変換されるのです。

■インジェクター（噴射器）　推進剤を燃焼室に吹き込むインジェクター（噴射器）は、燃焼を安定して行うのに非常に大切な装置です。インジェクターは、燃料と酸化剤の流量を調整し、できるだけ速く推進剤を細かい霧に変え、できるだけ速く吹き出し、できるだけ速く混ざり合わせる役目を受け持ちます。

推進剤は、燃焼室に注入されると直ちに点火できるようになっていないと困ります。点火の前に燃焼室にたまってから燃えると、燃焼が過激になって爆発することがあるのです。

いったん燃焼室で燃焼が始まれば、次から次へと吹き出される推進剤の霧は、燃焼ガスの放射熱をもらって気化していくわけですが、混合や気化が遅れると、完全燃焼するために長時間流れていなければならず、燃焼室が大きくなってしまいます。したがって、インジェクターの性能のよさが燃焼室の大きさをどれだけコンパクトにできるかを決めると言っても過言ではありません。

要点BOX
- ●インジェクターによって燃料と酸化剤が噴射され、混合し燃焼する
- ●インジェクターの性能が燃焼の性能を決める

推力室の構造

推力を生み出すしくみは非常にたくみである

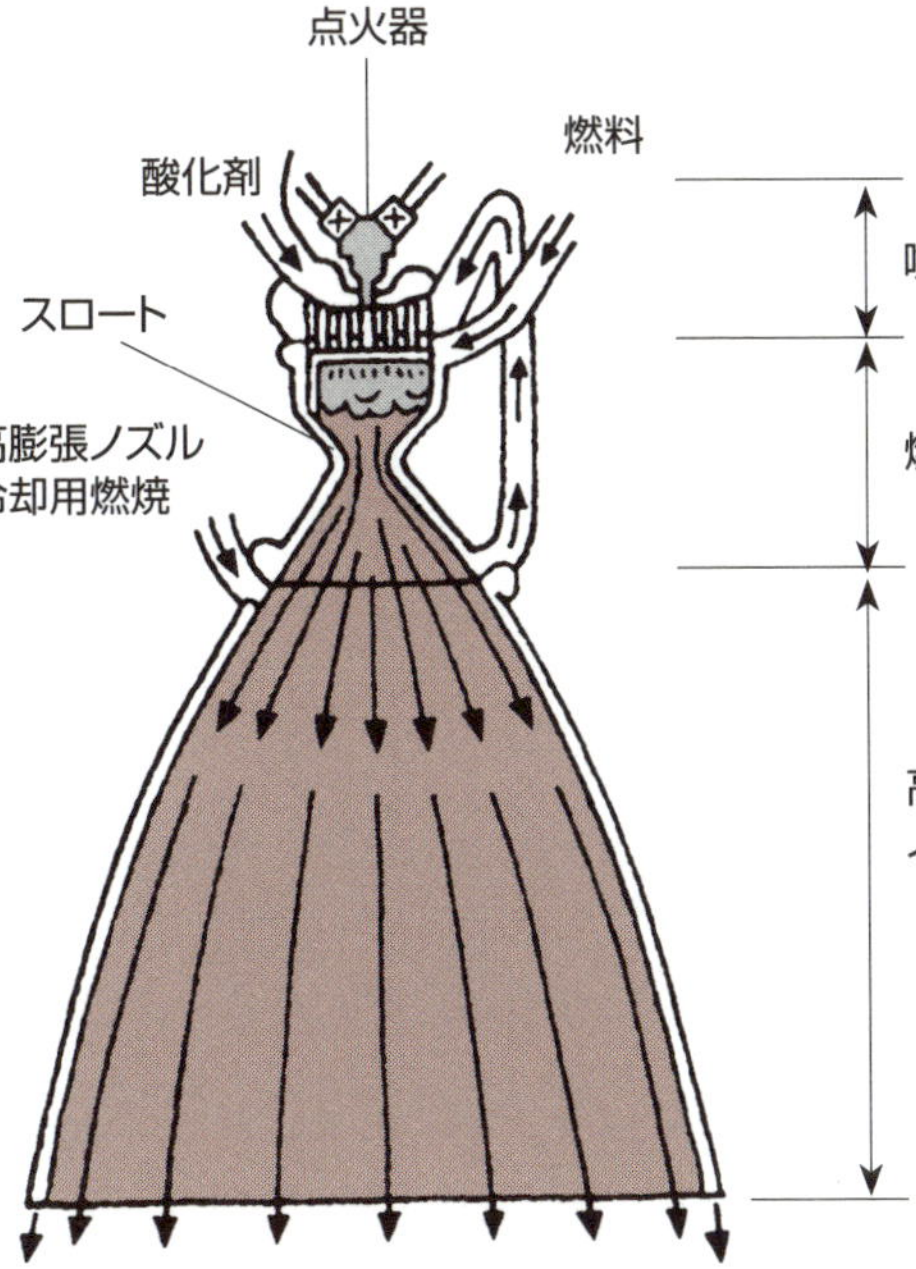

推進剤の噴射のしくみ

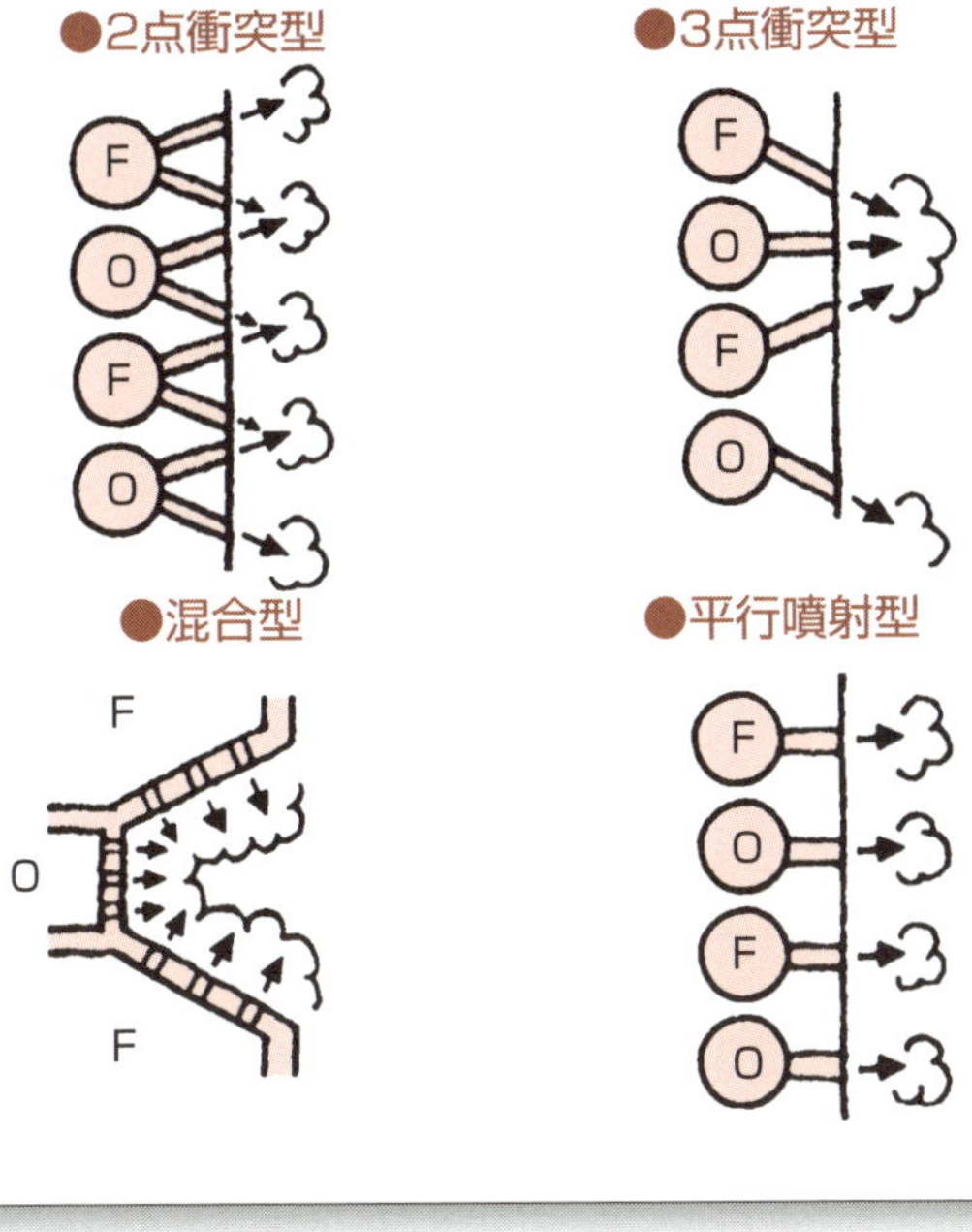

F=燃料
O=酸化剤

25 液体ロケット・エンジンの冷却

高温の燃焼に耐えて推力を生み出す

ロケットの推進剤が燃える時の温度は極めて高く、液体水素と液体酸素の組合せの場合は、四〇〇〇度にも達します。固体推進薬でも三〇〇〇度くらいにはなります。幸い燃えている時間はとてつもなく長いわけではなく、せいぜい数分ですが、それにしても単体でこの高温に耐える材料はありません。

フォン・ブラウンたちがドイツで世界最初のミサイルV−2を開発していた頃、はじめは、この高温との闘いが中心であったと述懐しているほどです。

■再生冷却　燃焼室やノズルの壁が高温に負けないようにするために、さまざまな知恵が絞られています。液体推進剤で通常採用されているのは、冷たい推進剤をエンジンの周りに循環させ、熱がその推進剤に伝わって逃げていくようにする方法です。

たとえば液体水素と液体酸素を推進剤にする場合、普通は液体水素がタンクから燃焼室に行きつく前に燃焼室とノズルの外壁に沿ってめぐらされた細い管の中を流れるようにするのです。するとこの液体水素に伝わった熱が燃焼室まで運ばれるわけですから、熱がむしろ有効に使われることになります。

この方法を「再生冷却」と呼んでいます。

■発汗冷却　エンジンの内壁に汗をかかせる方法が用いられることもあります。無数の小さな穴のあいた材料で壁を作り、冷却液がたえずこの穴から中に滲み出していくよう工夫したものです。すると滲み出した冷却液はすぐに蒸発して壁の熱を奪っていくのです。再生冷却で冷却が十分でなかった場合に補完的に用いられるものです。

■アブレーション冷却　熱を伝えにくい材料（合成樹脂など）の表面を溶かしていくことで、主要な構造を守る方式です。「肉を切らせて骨を守る」とでもいうべき方法で、比較的小型のロケット・エンジンにも用いられることがありますが、どちらかと言えば固体ロケット用でしょう。

要点BOX
- ●液体推進薬で4000度、固体でも3000度の高温になる
- ●「再生冷却」「発汗冷却」「アブレーション冷却」

各種の冷却法

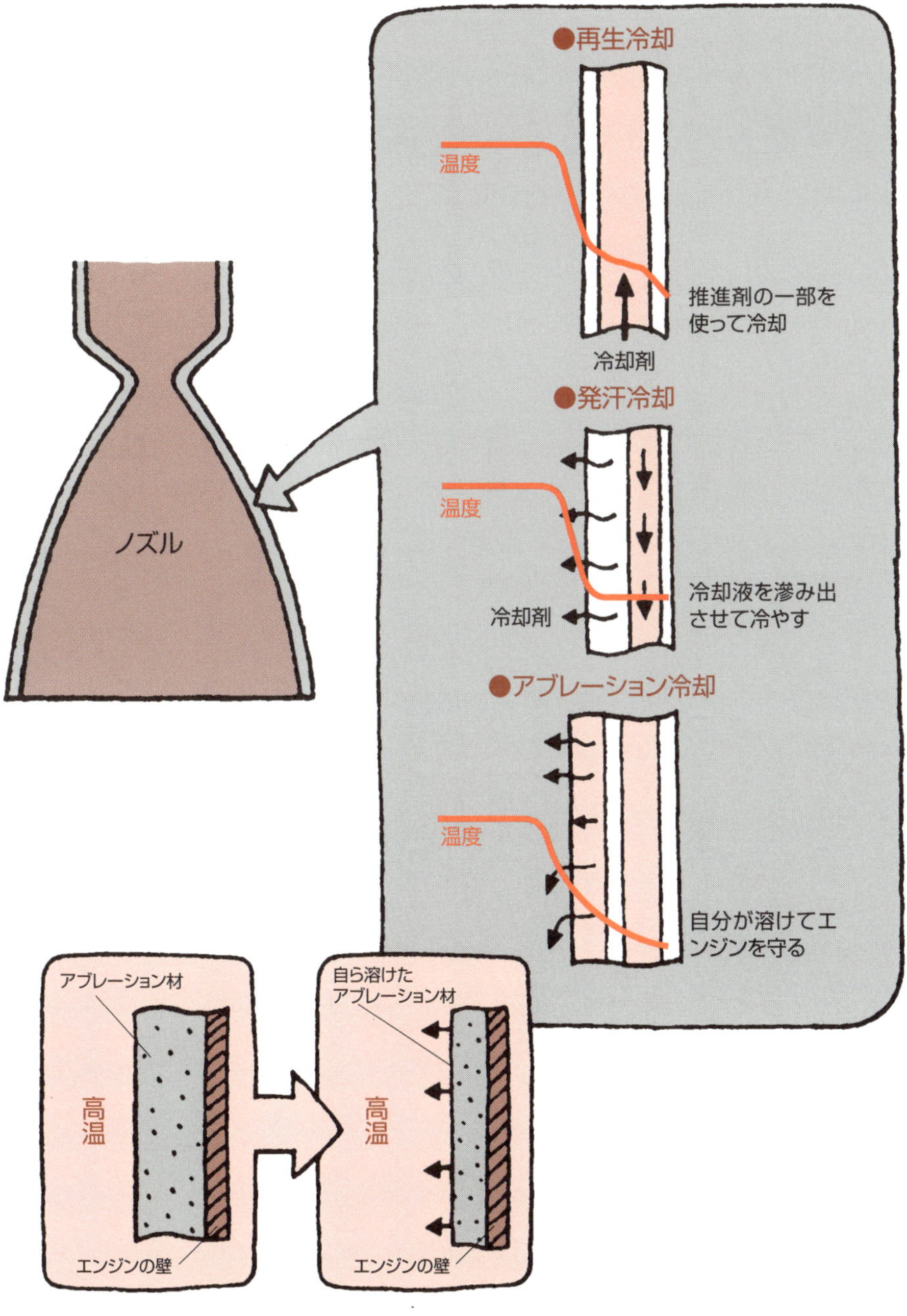
ノズル
●再生冷却
温度
推進剤の一部を
使って冷却
冷却剤
●発汗冷却
温度
冷却液を滲み出
させて冷やす
冷却剤
●アブレーション冷却
温度
自分が溶けてエ
ンジンを守る
アブレーション材
高温
エンジンの壁
自ら溶けた
アブレーション材
高温
エンジンの壁

26 液体ロケットエンジンのサイクル

「開サイクル」と「閉サイクル」

内燃機関では、燃料が注入されてから力を生み出すまでのプロセスを「サイクル」と呼んでいます。液体推進剤ロケットの場合も、タンクを出た推進剤が熱交換をしながら燃焼室へ流れこんで燃え、発生したガスがノズルを介して推力を生み出すまでの一連の過程を「エンジン・サイクル」と呼んでいます。

ターボポンプを使う場合、駆動したガスをそのまま捨ててしまう方式が「開サイクル」、もう一度燃焼させる方式が「閉サイクル」です。

開サイクルの典型は「ガスジェネレーター・サイクル」です。タンクから流れてきた燃料と酸化剤のほんの一部を小型の燃焼器（ガスジェネレーター）で燃焼させ、そのガスでターボポンプを駆動します。アポロ宇宙船を運んだサターン・ロケットの一段目エンジン「F-1」やヨーロッパのアリアン・ロケットの1段目エンジン「ヴァルカン」はこの方式です。

閉サイクルの一つは、エンジンの冷却に使って気化・膨張した燃料の大部分を使ってターボポンプを駆動し、その後その燃料を燃焼室に送り込んで燃やす方式で「エクスパンダー・サイクル」と呼ばれています。この方式はすべての推進剤を使いきるので損失がありませんが、燃焼室の熱容量に限界があるので、推力を大幅に増強することはできません。アメリカのアトラス・セントール・ロケットの二段目エンジン「RL10」は、この方式です。

もう一つ、閉サイクルの代表例は、「二段燃焼サイクル」です。これは、メインの燃焼器の他にプリバーナーを装備し、燃料の大部分と酸化剤の一部をここで不完全に燃やし、その燃焼ガスでターボポンプを駆動します。そのガスは温度が低く（一〇〇〇度ケルビン以下）、まだ燃えていない燃料をいっぱい含んでいるものです。ターボポンプを駆動した後でそのガスはメインの燃焼器に送られ、そこで残りの酸化剤と完全燃焼させられます。

要点BOX
- ●燃料注入から力を生み出すまでを「サイクル」
- ●ターボポンプを駆動したガスをそのまま捨てるのが「開サイクル」、もう一度燃やすのが「閉サイクル」

代表的なエンジン・サイクル

●ガスジェネレーター・サイクル

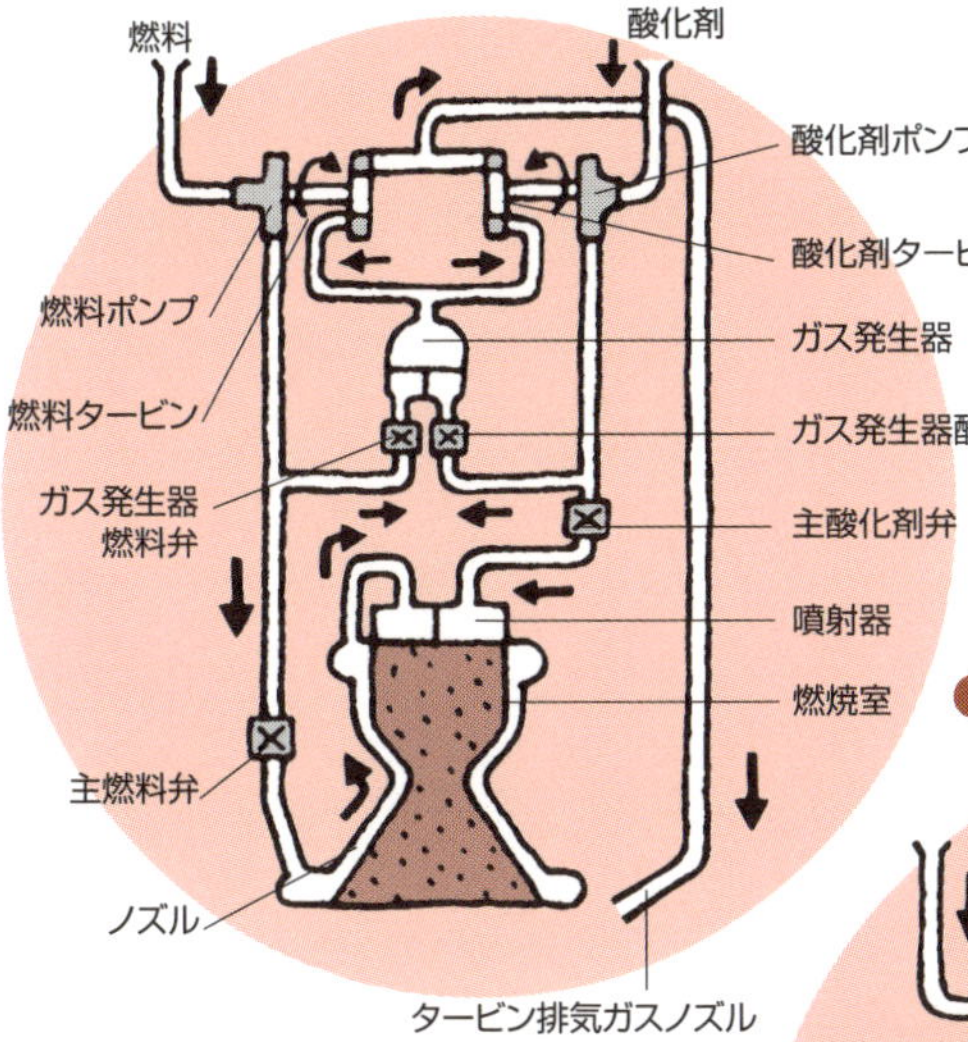

●エクスパンダー・サイクル

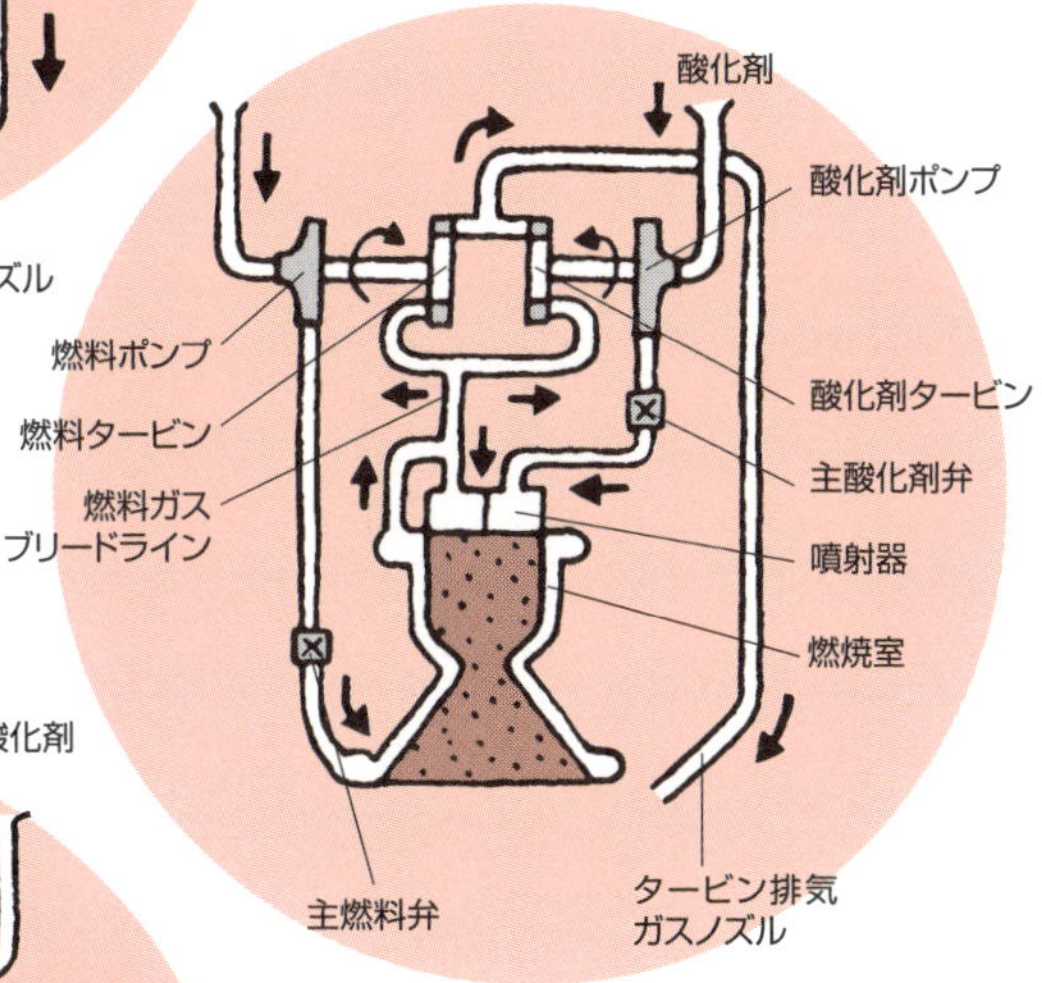

●2段燃焼サイクル

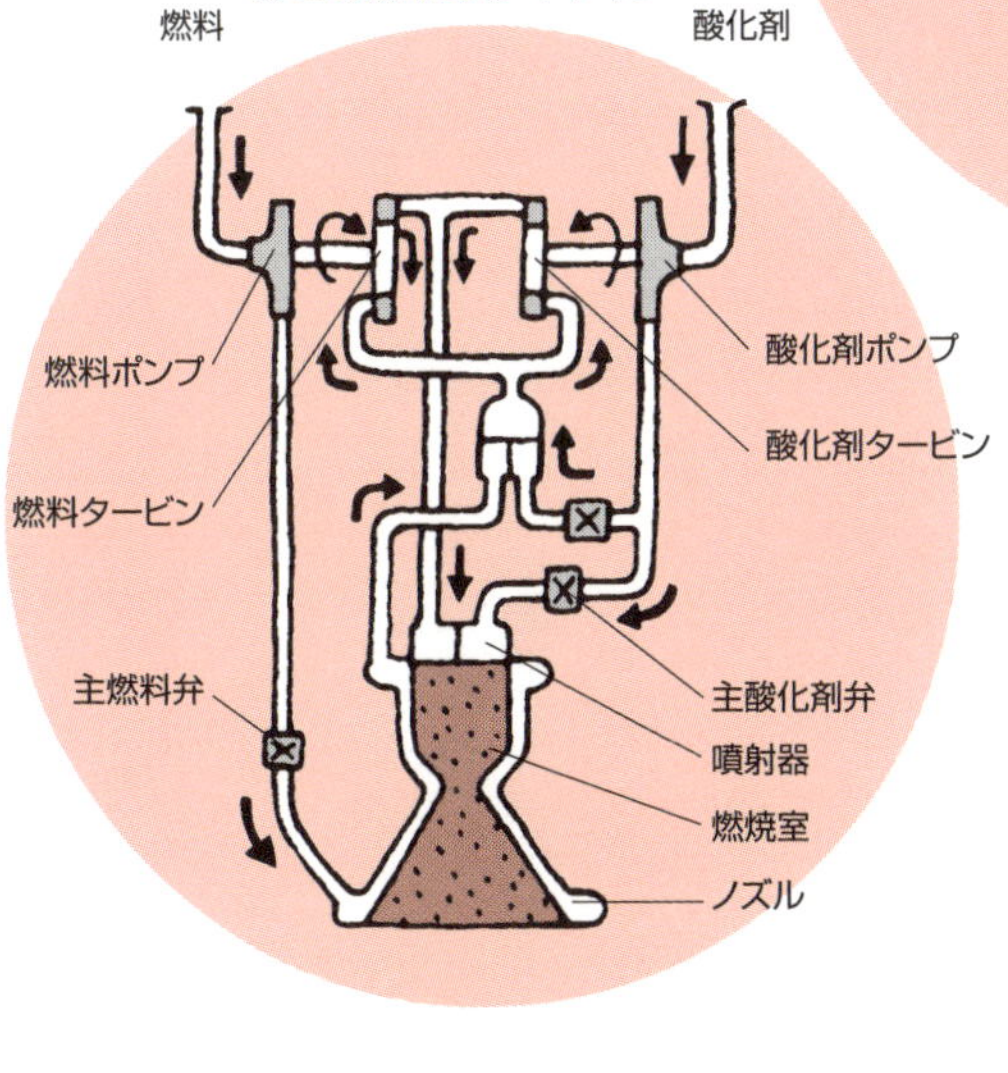

2段燃焼サイクル方式は最も大推力を得ることができる方式で、スペースシャトルのメインエンジンや日本のH-IIAの1段目エンジン「LE-7A」に使われている

27 液体ロケット・エンジンの作動

たくみなエンジン作動のしくみ

分かりやすい例として、ガス押し方式のロケット・エンジンについて、エンジンが始動するプロセスを述べましょう。ターボポンプ方式はもうちょっと複雑なのですが、筋書きを理解していただくには、ガス押し方式の最も古典的な例で説明する方がすっきりするでしょう。

まず推進剤を注液する前に、地上の推進剤貯蔵庫から注液口までの管やタンク、ターボポンプなどを、推進剤の温度まで冷却します。これを「予冷」と言います。次に推進剤のタンクの出口を閉じた状態で、推進剤が入れられます。推進剤のタンクは、充填前にそれぞれの推進剤のガス(たとえば液体水素タンクなら水素ガス、液体酸素タンクなら酸素ガス)に置換しておきます。

タンクの中のガスと充填した推進剤が反応すると大事故につながる恐れがありますから、置換ガスは入ってくる推進剤と同じガスか不活性ガスにしておくのです。

タンクの上端の空所に加圧ガスを詰めます。このガスはその上にある加圧ガス・タンクにガス充填管から詰められます。

スタート・バルブに電流が流れることから、ロケットの作動が開始されます。このバルブが開くと、まず加圧ガスが圧力調節弁へ行きます。そこでもっと低い規定圧力になって(調圧されて)燃料と推進剤の両方のタンクへ行きます。

一方それぞれの推進剤タンクには排気バルブがあり、気化した推進剤が漏れ出るようになっていますが、加圧ガスが入った途端に閉じる仕掛けになっています。推進剤タンクの下端の供給管は一定の圧力で開くようになっていますが、推進剤の流れがその圧力になります。スラスト・チェンバー（推力室）のバルブは、燃焼室へ行く推進剤の量を調節するものです。

要点BOX
- ●推進剤の注液前に予冷とタンクのガス置換
- ●タンクの上端の空所に加圧ガスを詰める
- ●スタート・バルブが開いて作動開始

エンジンの作動のしくみ

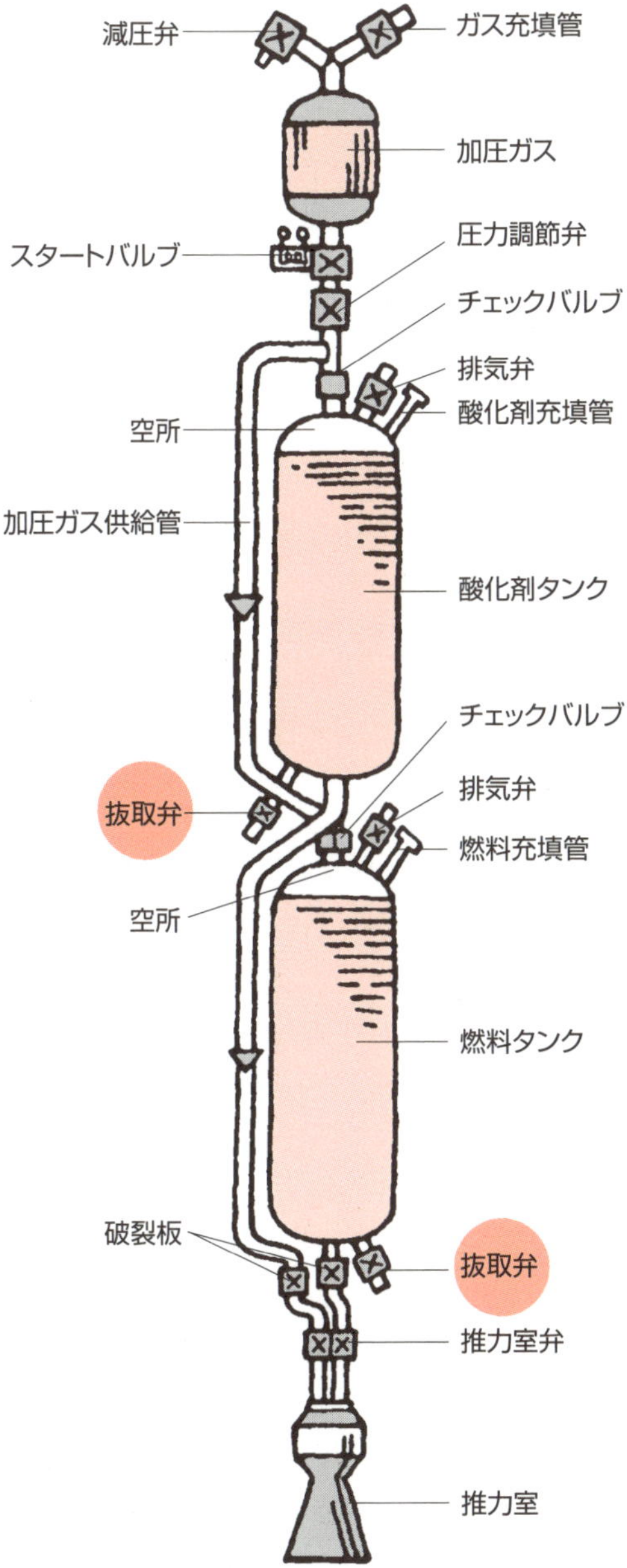

両方のタンクの下端には、打上げが許容時間以上に延期された時に推進剤をいったん抜き取るための抜取弁があります。加圧ガスの圧力を緩める弁や推進剤の逆流を防止するチェックバルブなどもあります。
液体推進剤の構造が複雑にならざるをえない理由が、これでお分かりになると思います。

Column

JAXAという名前

「はやぶさ」を打ち上げた年の秋、二〇〇三年一〇月一日、それまで日本に存在していた三つの宇宙機関が統合された。その名称の選定作業のリードを任された。しばらく議論して「日本宇宙機構」にまとまった。

しかし内部の航空部門から「飛行機分野を無視している」とクレームがついた。議論を続け、「宇宙航空機構」に落ち着いた。

そこに今度は他の官庁からのクレーム。飛行機は国土交通省でも防衛庁（当時）でもやってる。文部科学省は研究開発だけに限っていることを機関名に反映すべきだと。結局すべての意見を取り入れて「宇宙航空研究開発機構」。議論もくそもなかったのである。

いよいよ統合されたことの報告記者会見の日、山之内総一郎理事長が大きな声で発表――「それでは発表します。ウチュウコウクウ、……えーと、……」。いくら何でも長過ぎたのである。でも本当に「仕方ない」。

英語名の方は、文部科学省から「まあ日本名の直訳でなくてもいいです」というお達し。JapanとAgencyは簡単に決まった。分野名は、最初から航空を意識してAerospaceとしたが、宇宙航空分野の何をやるかをイメージできる言葉を探そうということになり、それをJapan Aerospace（　）Agencyという感じで挿入しようと。ところが一週間かかっても委員からいい案が出ない。

決定期限が迫ってきたある日、朝の出勤時。地下鉄半蔵門線の吊り革にもたれながらボンヤリ夢想していた私の頭に、突然Explorationという語が湧き上がった。直感的に「これはいけそう」と感じた。次の会議で了承されたJapan Aerospace Exploration Agency、略してJAXA。

最初の頃は、「ジャクサ」の「ジャ」の音がちょっと気になったのと、山之内さんがいつも「ジャクシャ」とおっしゃるので辟易した。ドイツ人が読むと「ヤクザ」みたいに聞こえるし……。しかしだんだん慣れてきた。

第5章

ロケットの構造

大型化の一途をたどる現代の宇宙ロケットの構造は、「可能な限り軽くて丈夫なものにする」という目標を達成するための努力に尽きると言うことができます。

28 軽く、薄く

打上げ時の重量の80％以上が推進剤

打上げ時の重量を一〇〇％とした場合、ロケットの燃料やペイロード、そしてその他の機体はどれぐらいの割合を占めているのでしょうか。実は通常の航空機に比べると、ロケットの場合、推進剤の割合が格段に高いことが分かります。ジャンボジェットの燃料が、離陸重量の半分にも満たないのに対し、ロケットでは八〇％以上にも達しています。それだけロケットでは機体を軽くしなければならないのです。

軽くすると非常に薄肉の構造になってきます。たとえば自動販売機のコーラの缶では、直径が六六ミリメートル、缶の厚さが〇・一ミリメートルですから、厚みは直径の〇・一五％です。鶏の卵では、これが〇・六五％になります。ロケットの場合、驚くなかれ〇・〇四％ぐらいになっているのです。具体的な数字をあげれば、H-ⅡAロケットの二段目のタンクでは〇・〇四％、M-3SⅡロケットの一段目では〇・〇八％、宇宙ステーションの日本モジュール「きぼう」では実に〇・一五％にもなっています。M-3SⅡロケットの場合、打上げ時の重量は約六一トンもありますから、その重量を一番下でわずか二ミリメートルの部材が支えていることになります。

ロケットの機体は、「軽く、薄く」を極限まで追求した技術の結晶です。ただし機体の剛性が弱くなりがちで、燃焼中のエンジンの振動や空気力との共振を誘うことも多く、特別の考慮が必要になります。

ロケットは、いったん飛び上がれば、上の構造部分の重みが下の構造部分にのしかかって圧迫することはないわけです。しかし、飛行中には、空気の力による曲げやせん断力、それに加えて、たとえば機体全体の縦振動と推進剤供給用の配管の圧力振動とがカップルした「ポゴ効果」などの振動が起きるため、対策が必要となります。ロケットの構造設計における努力は、こうした飛行中の予想外の力や振動との闘いであると言っても過言ではありません。

要点BOX
- ●「軽く、薄く」を極限まで追求
- ●ロケットの機体の厚みは直径の0.04％
- ●構造設計は飛行中の予想外の力や振動との闘い

航空機と宇宙機の質量構成

単位(%)

	H-Ⅱロケット	スペースシャトル	B747-400
ペイロード質量	1.5	3	17
燃料質量	84	78	44
機体質量	14.5	19	39
全備質量 (トン)	100 (261)	100 (2040)	100 (395)

薄肉設計の比較

	H-Ⅱ2段ロケット	卵	コーラの缶
	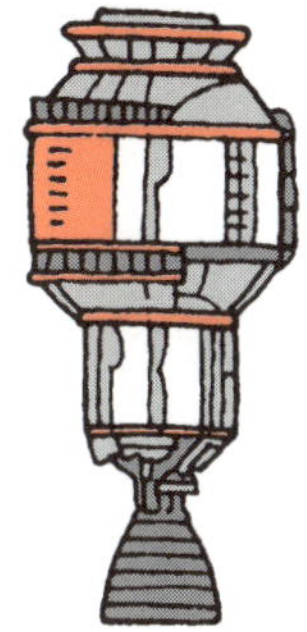	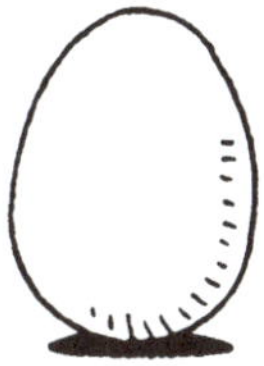	
直径(mm)	4000	40	66
厚み／直径	0.0385%(ドーム) 0.00415%(シリンダ)	0.65%	0.15%

29 ロケットのいろいろな構造

設計荷重に耐える構造

ロケットは打ち上げてからペイロードを軌道に送り届けるまで、めまぐるしく変化していく飛翔環境に耐えなければなりません。この間に、軸力・せん断力・曲げモーメントなどさまざまな荷重を受け、同時に振動や熱的な環境も変化していきます。これらのすべてに適応できる機体を設計することは容易ではありません。荷重ということに焦点を絞った場合、実際の機体に作用すると予想される荷重に対して、少し余裕を持たせた「設計荷重」を設定し、その設計荷重に耐えるようにロケット各部の構造や部材の厚さを決めていくのが、構造設計です。

構造様式は、モノコック、セミモノコック、サンドイッチ、トラスに分類されます。モノコックは補強材のない一様な板厚のシェル構造、セミモノコックは補強材のついたシェル構造、サンドイッチはコア材を板で挟んだ構造です。細長い部材を組み立てて作る骨組み構造のトラスも広く用いられています。

セミモノコックでは、補強材の使い方によって、桁構造、ワッフル構造、アイソグリッド構造などがあり、ロケット各部に使い分けられています。スペースシャトルの外部燃料タンクやH-ⅡAロケットの推進剤タンクが、その代表例です。

またサンドイッチにもいろいろあり、ハニカム・サンドイッチ、トラス状コア・サンドイッチ、発泡コア・サンドイッチなど、いずれも曲げに強い構造になっています。

トラスは、軸力を分担することによって引張や圧縮に耐えるものです。有名なロシアのプロトン・ロケットの段間部やM-Vロケットの段間部などに用いられています。特にトラス構造とその応用技術は、軌道に乗った衛星からするすると伸展して磁力計などを配置するためのマストや、巨大なアンテナを展開するための導きのマストとして、宇宙の構造物になくてはならない技術となっています。

要点BOX

- さまざまな飛翔環境に耐える構造を設計
- 構造様式はモノコック、セミモノコック、サンドイッチ、トラスに分類される

推進剤タンクの外板

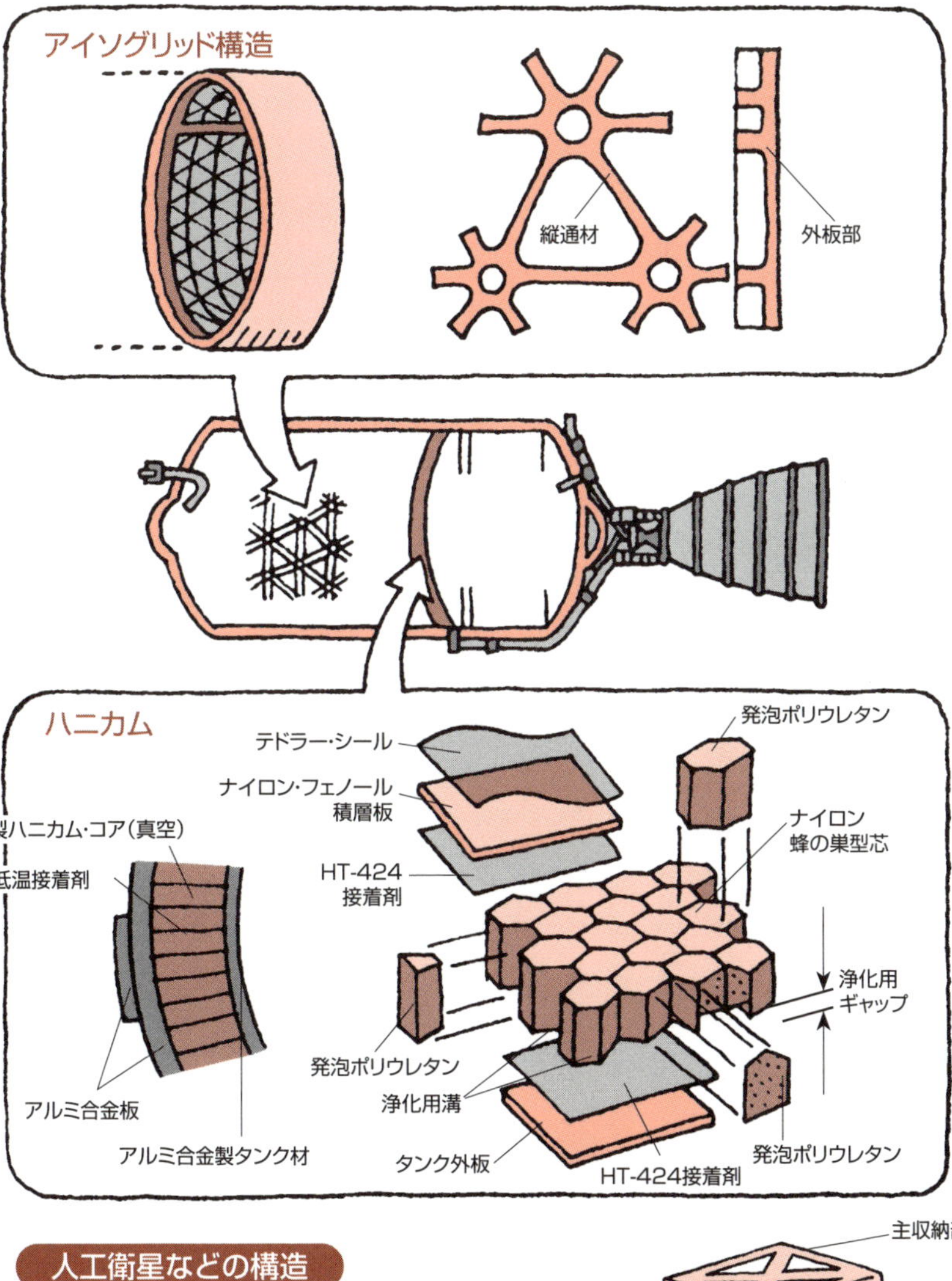

人工衛星などの構造

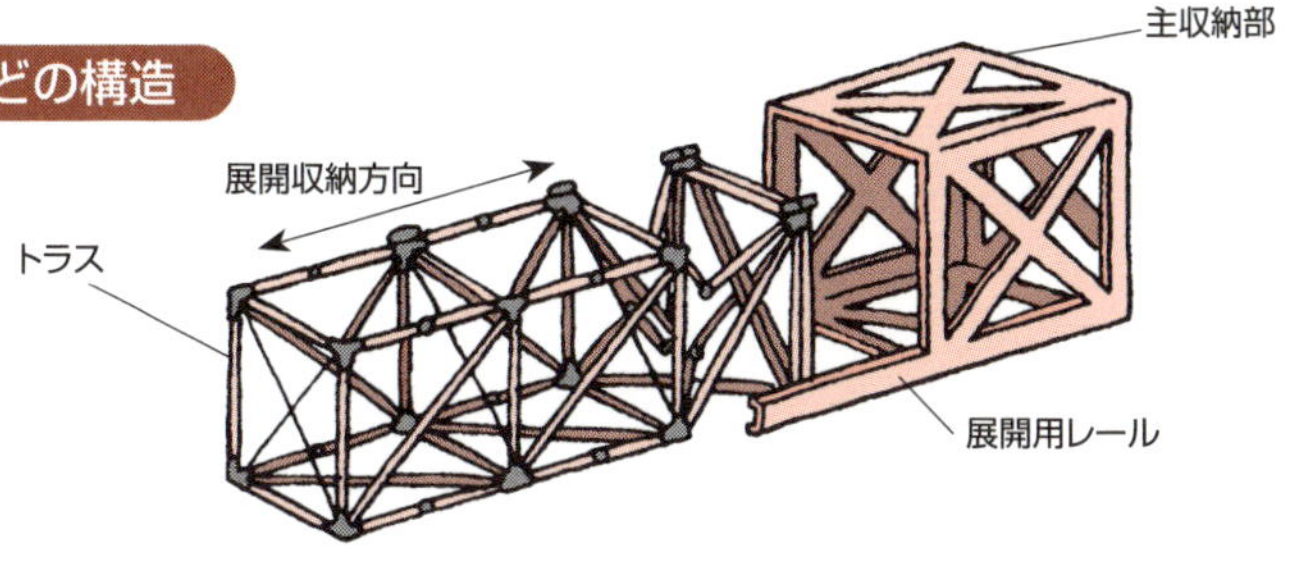

30 ロケットの材料に求められること

構造材料と機能材料

「ロケットは何でできているんですか」という質問を受けることがあります。その人たちの疑問の底には、ロケットの材料は軽くなければいけないだろうし、でも軽いということは弱いということにつながるから大変だろうなという気持ちがあるのでしょう。

ロケットのどこに使われるかによって、材料に求められる条件が異なってくることは当然ですが、一般的な材料の役割として、主として強度を担う「構造材料」と、機能を担う「機能材料」に分類できるでしょう。ただしそれも相対的なものです。構造材料も機能的な役割を果たすことが求められるし、機能材料でもある程度の強度は必要となります。

ロケット材料として重視される特性を並べると、①軽量、②耐熱性・耐環境性、③強度・剛性、④その他、でしょうか。①は一般には比強度(破断強度／密度)で計られます。②の「環境」は、腐食、酸化、衝撃など。③の「強度」もいろいろあって、破断強度とか靭性、疲労強度、クリープ強度など。④のその他は、熱伝導率や比熱や膨張係数などの熱的特性、振動減衰、電磁的特性などが含まれるでしょう。

以上は設計者から見た要求ですが、これを製品にするメーカーの立場から眺めると、作りやすさとか加工のしやすさ、溶接の容易さ、そしてもちろんコストなどが大きな問題になってきます。

他の工業材料と同様に、ロケットに用いられる材料は、金属材料と非金属材料に分類できます。金属材料は一般には鉄鋼と非鉄に分けられますが、ロケットに用いられている材料としては、軽量強度用金属と耐熱強度用金属に分類するのが適当と思われます。もちろんこの場合、合金も視野に入れておきます。非金属材料としては、高分子材料、炭素系材料が重要でしょう。近年は複合材料に注目が集まっており、高分子を核とした複合材料や金属を核とした複合材料の開発は著しいものがあります。

要点BOX
- ●軽量、耐熱性・耐環境性、強度・剛性などが重視される
- ●作りやすさとコストも大事

ロケット材料の役割

- 構造材料 → 主として強度を担う
- 機能材料 → 主として機能を担う

ロケット材料の特性

- 軽量 → 比強度
- 耐熱性·耐環境性 → 腐食·酸化·衝撃
- 強度·剛性 → 破断·靭性·疲労·クリープ
- その他 → 熱的特性·振動減衰·電磁的特性

金属と非金属

金属材料

軽量強度用金属
耐熱強度用金属

非金属材料

高分子材料
炭素系材料
複合材料

31 固体ロケットのモーター・ケースに使われる材料

燃料が燃える時の高圧・高温に耐える

固体推進薬を用いるロケットのモーター・ケースは、中に推進薬を詰めており、燃料が燃える時の高圧・高温にさらされます。ケースの壁が受ける温度変化も非常に大きく、熱応力を考慮することが、設計上大変重要なことです。ケースの壁の内側には、適当な断熱材を用いて熱をさえぎり、強度上必要な壁が薄くなるようにし、モーター・ケースの重量を軽くする工夫が施されています。

モーター・ケースの材料に要求される性質は、軽量化の観点からは質量に対する強度（比強度）の大きいこと、および質量に対する剛性（比剛性）の大きいことが重要ですが、耐熱性や耐食性にもすぐれていなければなりません。また溶接が容易であることも加工という点から見ると重要です。さらには値段が安く入手しやすいなども大切な要素です。

固体ロケットのモーター・ケースは、一般には高張力合金でできています。よく使われる「マレージング鋼」は、炭素量が極めて少ないニッケル鋼で、延性に富み加工性も高い材料です。これを時間をかけて処理することで強度や靭性を向上させています。

比強度の高いことと同時に熱を伝えにくくする場所には、チタン合金も使われます。これは比強度が特に大きい金属材料です。耐熱性もアルミニウム合金よりは高く、耐食性もすぐれています。

モーター・ケースとは別に、一般的な構造に最も多く使われているのは高強度のアルミニウム合金です。使用頻度が高いだけに、特性を示すデータも豊富で、設計や製作のノウハウも充実しています。比強度も比剛性もアルミニウム合金よりすぐれているCFRP（炭素繊維強化プラスチックス）やGFRP（ガラス繊維強化プラスチックス）は、近年急速に製造・利用技術が進歩し、コストも安くなってきたので、アルミニウム合金に替えて採用されることが多くなってきました。

要点BOX
- ●モーター・ケースには高張力合金やチタン合金
- ●一般構造材には高強度のアルミニウム合金や繊維強化プラスチックス（FRP）

モーター・ケース用材料の特製の比較

低合金強じん鋼（D6A）

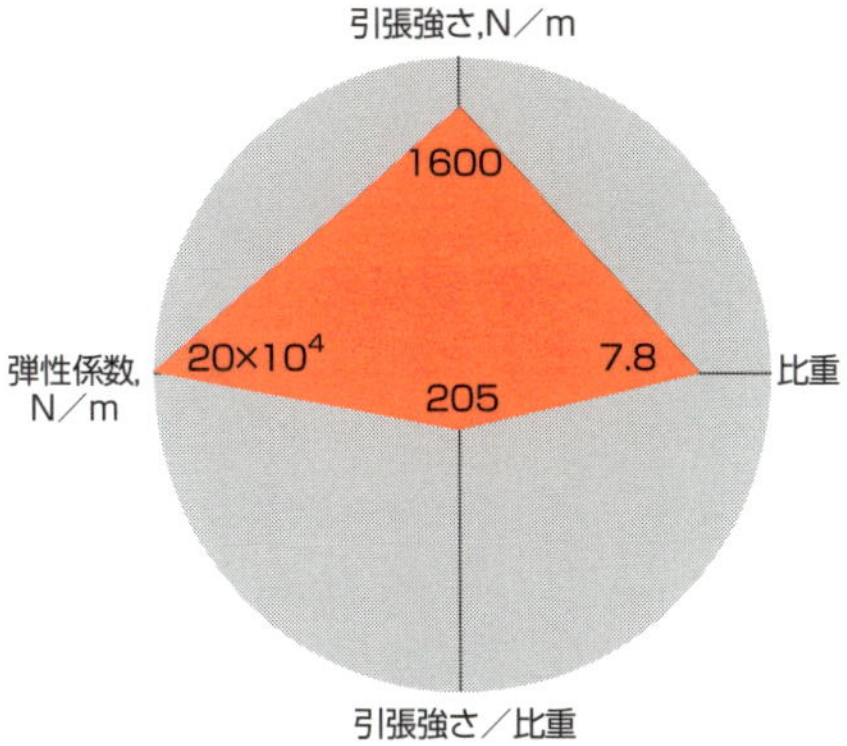

マレージング鋼

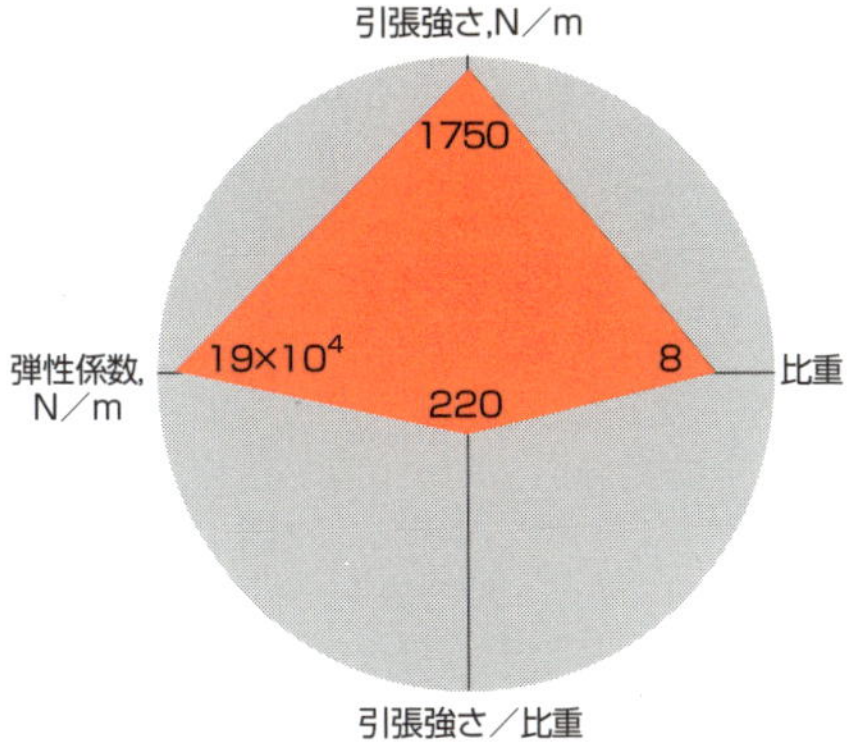

チタン合金

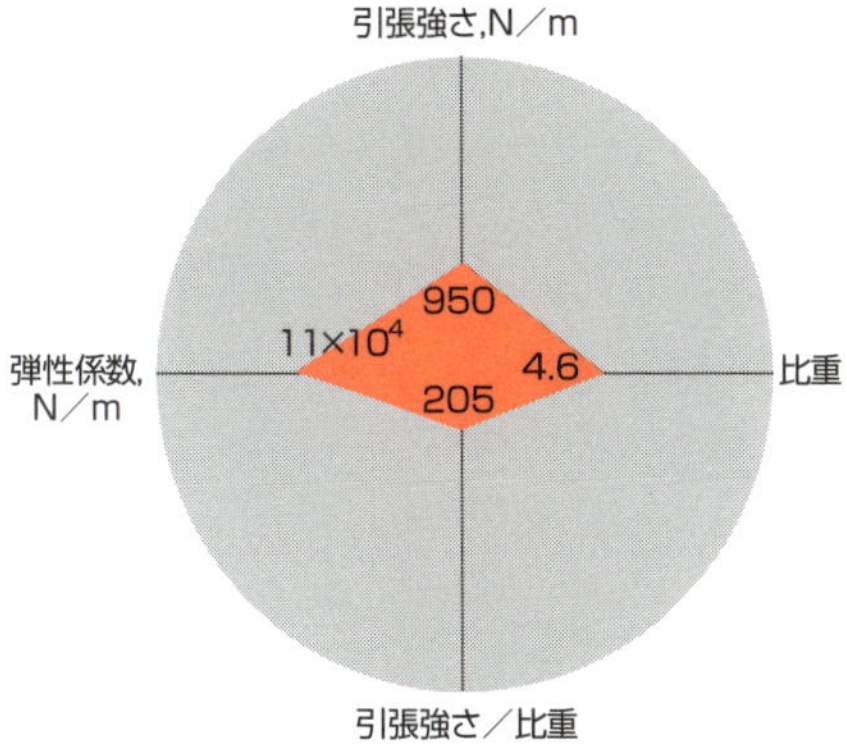

GFRP（ガラス繊維強化プラスチック）

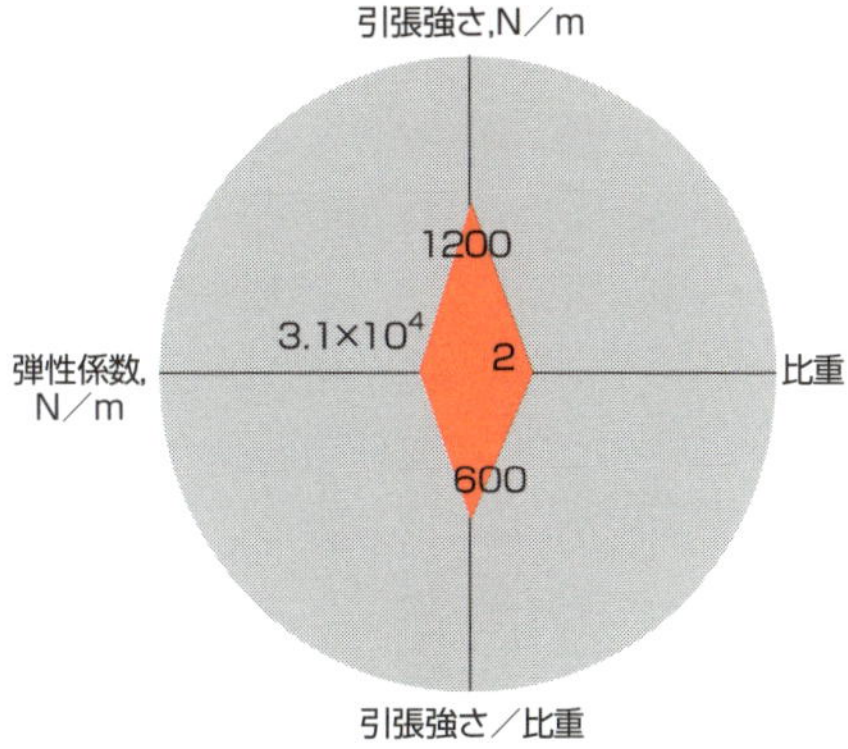

CFRP（炭素繊維強化プラスチック）

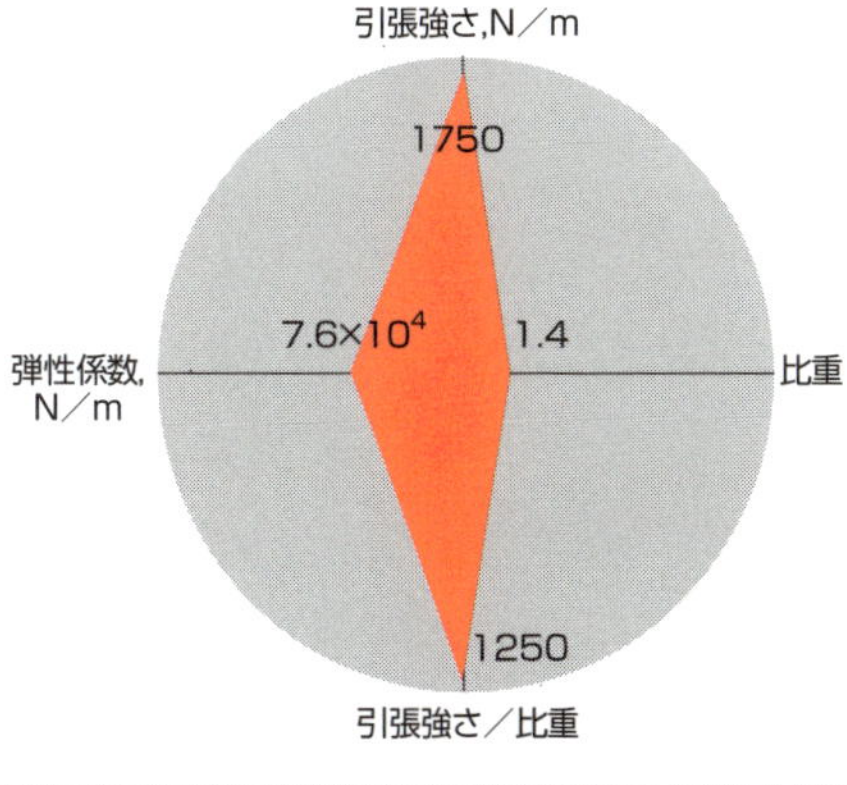

32 固体ロケットのノズルのつくり

特別の熱対策が必要

固体推進薬を用いるロケット・モーターの冷却には、液体推進剤ロケットの場合のように、すぐそばに使える冷却剤がありません。特に高温で高速の燃焼ガスを受けるノズル部分には特別の熱対策が必要となります。おまけにその燃焼ガスは腐食性も強く、固体の粒子も含んでいますから、化学的にも力学的にも侵食を受けます。そのための考慮も大切です。

ノズルの構造はかなり複雑で、各部分の役割に応じて適切な材料を使った複合的な構造になっています。モーターの全長を短くするために、燃焼室の中にノズルの前の方を入れ込んだ「埋め込みノズル」が採用されることが多く見られます。

推力の方向を制御するためにノズルが首振りできるようにしたものも最近はよく用いられ、これを「可動ノズル」と呼んでいます。

また打上げ時には短く収納しておいて使う時にノズルを伸ばす「伸展ノズル」などの工夫もされています。これは、ノズル膨張比を調節して性能を向上させ、併せて段間の構造重量を節減するためです。

ノズルの外壁には、耐熱性の高い高張力鋼やアルミニウム合金、FRPなどが用いられます。熱的に最も厳しいスロートの入り口部分には、従来からグラファイト（炭素を熱処理して黒鉛の結晶質にしたもの）が広範に用いられてきましたが、徐々に複合材の三次元カーボン・カーボンに移行しつつあります。

カーボン・カーボン（C／C）は、炭素繊維を重ね合わせるか編み合わせたシートを、さらに炭素を焼結して成形したものです。

二〇〇〇年に第一段のノズル・スロートに用いたグラファイトが熱衝撃によって脱落し、X線天文衛星「アストロE」を軌道に送れなかった日本のM-Vロケットでは、その後全段のスロートに、グラファイトに替えて三次元カーボン・カーボンを採用しました。

要点BOX
- ●ノズル構造は複雑で部分により材料が異なる
- ●「埋め込みノズル」が多く採用される
- ●「可動ノズル」「伸展ノズル」といった工夫も

埋め込みノズル

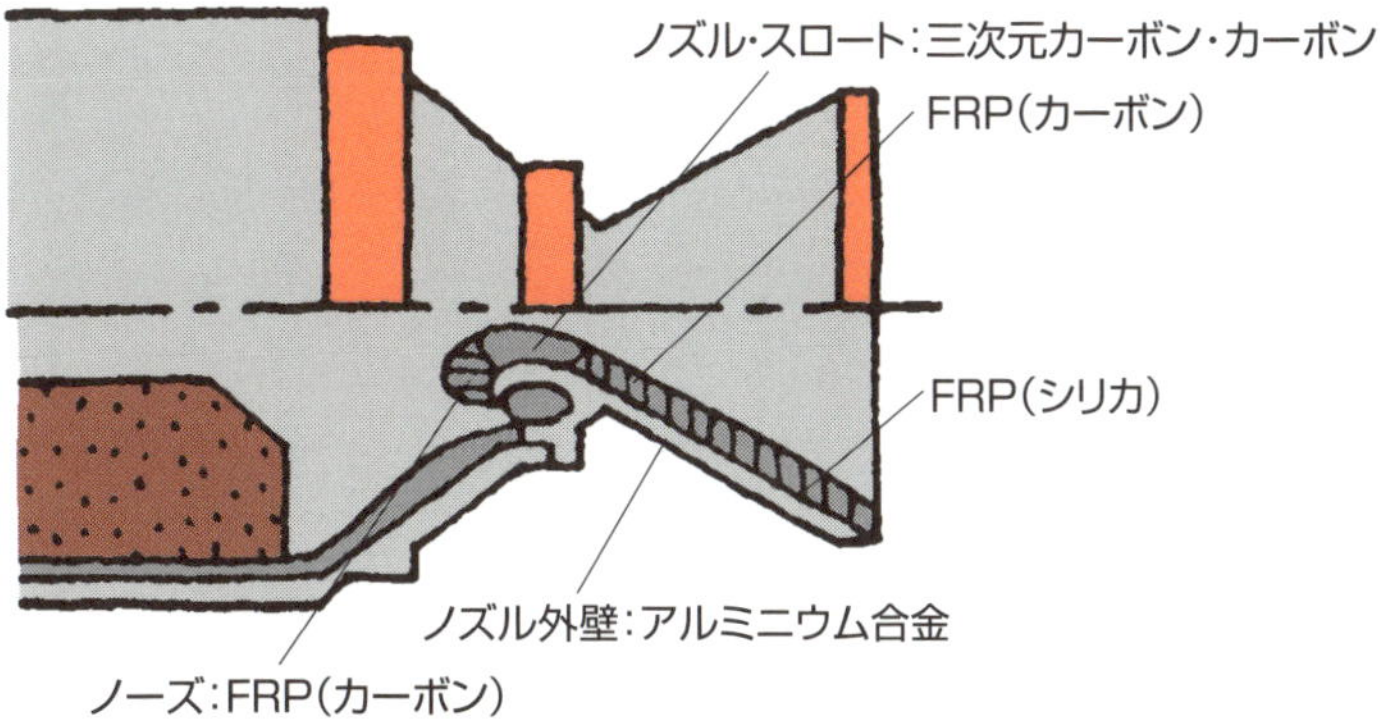

可動ノズル

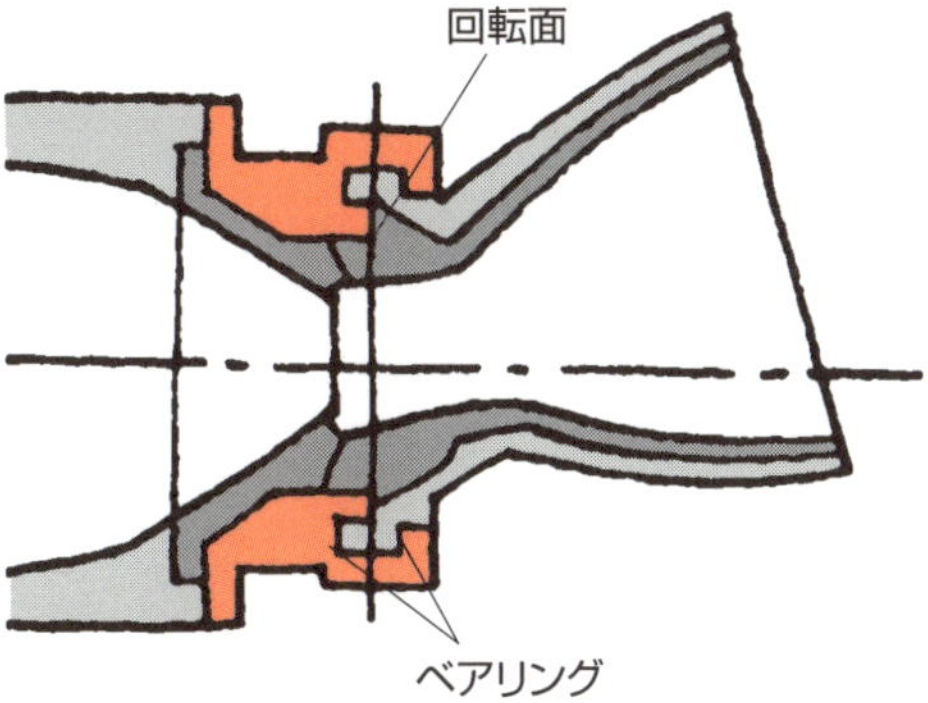

伸展ノズルの構造例

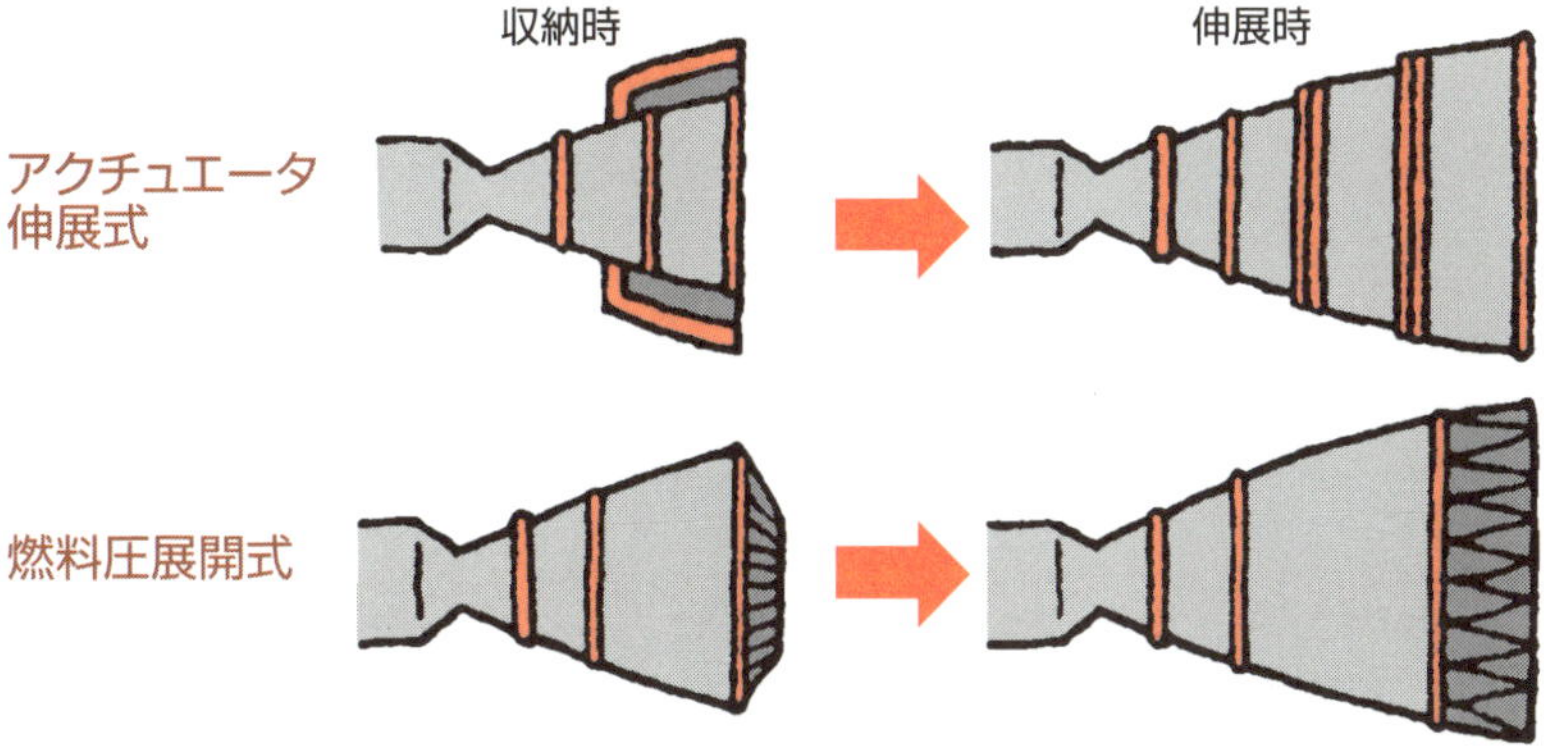

33 液体ロケットのタンクの様子

推進剤の振動に対処

液体推進剤ロケットでは、燃料と酸化剤のタンクを備えています。これは飛翔体の一部となるので、できるだけ軽く、強い材料でなければなりません。タンクの重さを最も軽くしようと思えば球形になります。しかも内圧による応力も最小になります。しかしそれだと直径が大きくなり、空気抵抗などの観点から好ましくありません。一般的には、タンクとしては適切な直径の円筒形が採用されます。

タンクの中にある推進剤は、燃焼が進むにつれて当然ながら量が減ってきます。すると推進剤は自由表面を持つようになって、ピチャピチャと振動を始めます。この液体推進剤の振動を「スロッシング」といいます。スロッシングが激しくなると、ロケットの運動に影響が出て、ロケットの構造にも余計な荷重がかかるようになります。これを抑えるために、「バッフル板」と称する板をタンク内に入れてありますが、それでも完全に抑え込むのは難しいので、さらに推進剤の供給系統に気泡が混じってこないように、タンクから導管につながる入り口にも工夫がこらされています。

タンクの並べ方としては、共通の隔壁をもつ縦並び方式や独立したタンクを配置する方式があります。燃料と酸化剤のタンクを別々にすると、重量はやや重くなるものの製造は容易になります。極めて大型のロケットになると、多数のタンクを並列に配置する方式を用いる場合もあります。

タンクに使用する材料としては、推進剤はもとより、気化した推進剤や気化したガスが外に漏れ出るといった心配があるので、金属材料のうちで、溶接が容易で出来上がりが安定した製品が得られるという材料が使われるわけです。推進剤タンクの壁面には、アルミニウム合金、ステンレス、ＦＲＰなどが用いられます。比強度の観点から見れば、金属材料よりもＦＲＰの方がすぐれています。

要点BOX

●円筒形を採用、推進剤の振動「スロッシング」を抑えるバッフル板などの工夫
●材料はアルミニウム合金、ステンレス、FRPなど

スロッシング

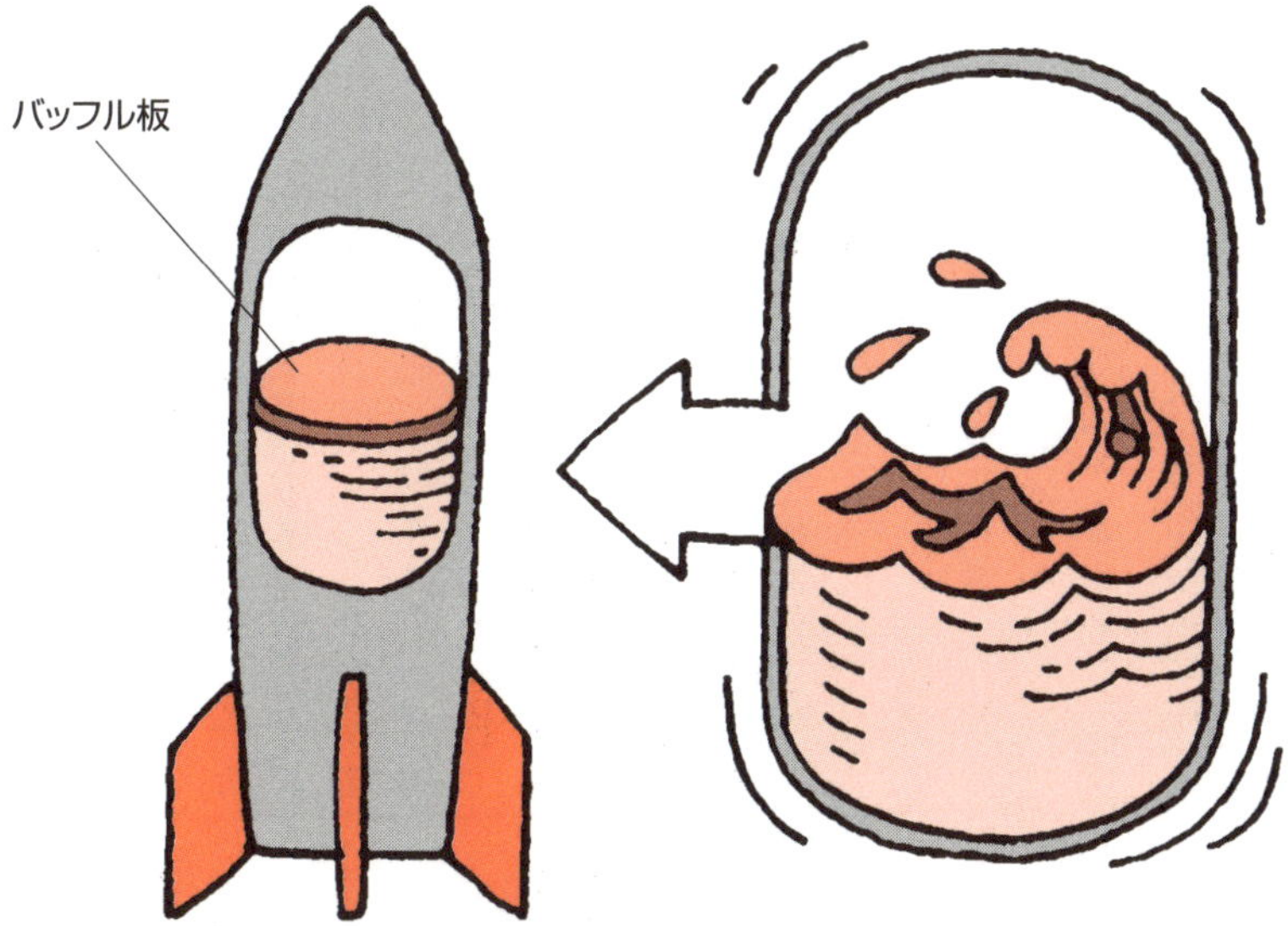

自由表面のピチャピチャを抑えるために
バッフル板をタンクに入れる。

推進薬タンクの配置

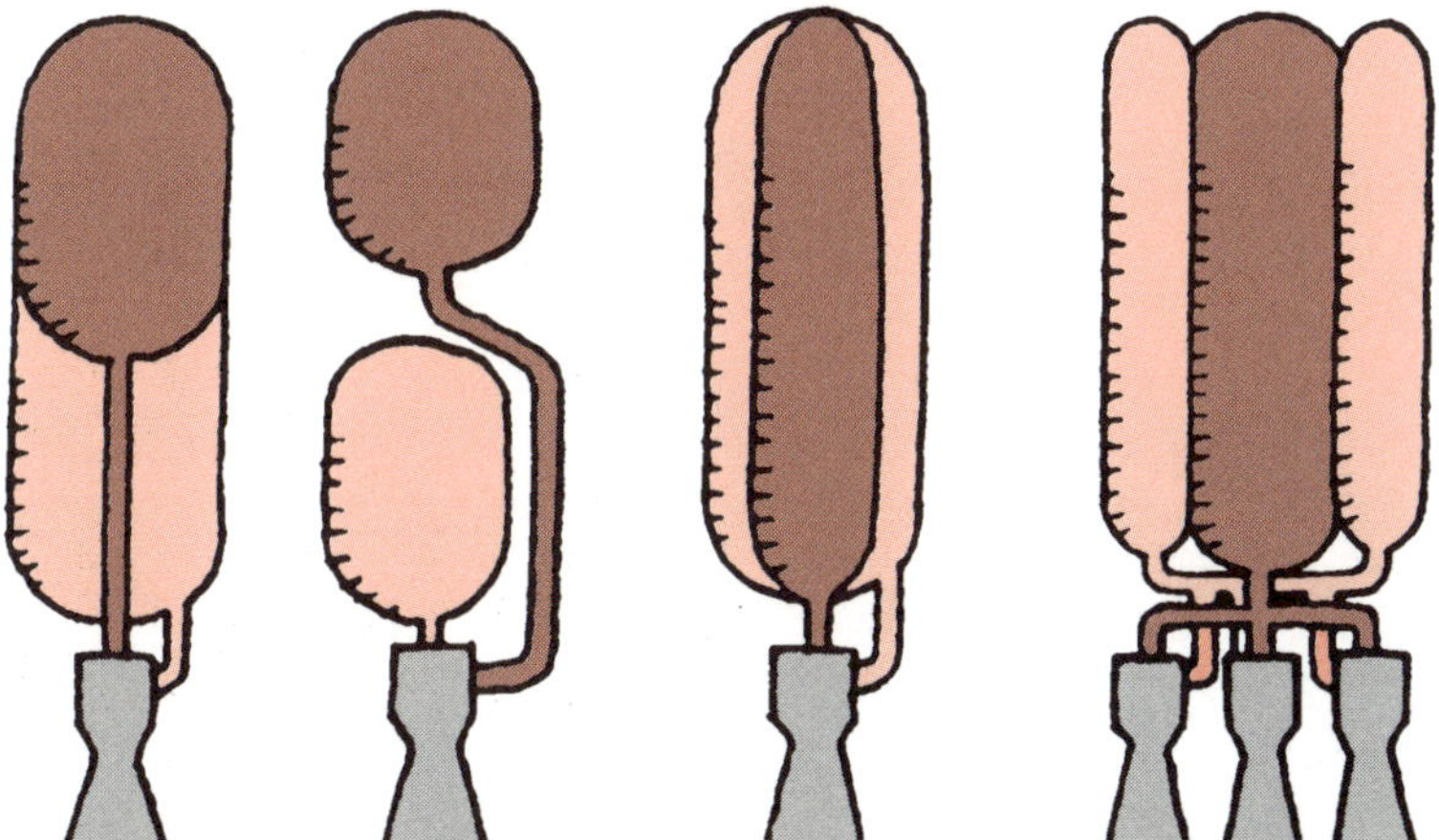

Column

オッタッタ?

七六年ぶりで回帰してきたハレー彗星を世界の探査機で連携観測した。日本も「さきがけ」「すいせい」の二機を送った。

翌一九八六年秋、イタリアのパドヴァで、連携の軸となったIACG(ハレー探査国際宇宙機関会議)が開催された。会議の冒頭、イタリア大統領の挨拶。イタリア人のお膳立てらしく、同時通訳も逐次通訳もない。ただ派手な身振りで大統領がイタリア語でしゃべりまくる。総勢五〇人くらいの代表のうち、イタリア語の分かるご仁以外は、当然白河夜船を決め込み始めた。

そのうち、大統領の演説の中に変な言葉が挿入されるのに気が付いた。「オッタッタ・チンコ」――何回も出てくる。そして何回耳にしても、そのように聞こえる。そのうち気がついたのだが、ほぼ全滅だった日本の代表が、その「オッタッタ……」の所でみんなピクッと目が覚める。楽しい光景である。みんな大統領の話はさっぱり分からないのに、「オッタッタ・チンコ」「ピクッ」「オッタッタ・チンコ」「ピクッ」……。

この繰り返しだけで十分に満足して、演説が終わった時には、この愉快な三〇分を恵んでくれたことに感謝の気持ちを込めて、心から拍手を送った。

演説中(ヒマだから)考えていたのであるが、英語でタコのことをオクトパス(octopus)といい、スペイン語で数字の五をシンコ(cinco)というので、日本人の何人かは「オッタッタ・チンコ」は「八五」と言ってるんじゃなかろうか、と見当をつけていた。つまりタコの足は八本だからである。そこまで想像が及ぶと、後は類推で、「ははあ、一九八五年にはハレー彗星の探査機がいっぱい打ち上がったから、そのことを、偉大な業績だとか何とか褒め讃えてるんだろう」と勝手に考えていた。

そしてそれは正鵠《せいこく》を射ていたのである。会議の後で時のローマ法王ヨハネ・パウロⅡ世をバチカンに訪ね、ハレー探査の報告をしたのは、その時である。

第6章

ロケットを正確に飛ばすには

衛星や惑星探査機を打ち上げるロケットでは、できるだけ正確に予定の軌道に乗せなければなりません。つまりロケットの運動を正確に予定のコースに合わせる努力をしなくてはならないのです。そのための操縦はほとんどの場合自動的に行われ、これをまとめて「誘導制御」と呼んでいます。

34 ロケットの誘導制御って何?

「航法」「誘導」「姿勢制御」

ロケットのコースは飛翔の最終目標によって決まります。その目標を実現するために、推力の大きさや、推力の方向を調節するスケジュール、飛翔経路とそれに沿った速度・姿勢の履歴などが決められます。誘導制御は、できるだけ飛翔前に立てた計画に近い飛翔をロケットに行わせようとするアクションです。

「飛翔中の「誘導制御」と呼ばれるオペレーションは、三つの機能から成り立っています。

まずロケットの位置・速度・姿勢を知らなければなりません。この作業を「航法」と呼びます。代表的な航法は、位置・速度を地上のレーダーで知り、さらに姿勢をロケットに搭載したジャイロで知る「電波航法」と、位置・速度・姿勢を搭載した機器によって知る「慣性航法」です。たとえば「慣性航法」の場合は、ジャイロと加速度計の出力を積分することによって、必要なデータを得ます。

ロケットは、飛翔中にいろいろな外乱を受けたり、自身の性能のずれなどから、飛翔経路に誤差を生じます。その誤差を修正して目標の軌道に所定の精度で投入するオペレーションを「誘導」と呼びます。誘導に必要な計算は、搭載コンピュータまたは地上のコンピュータによって行われます。

誘導の任務を達成するためには、ロケットの向きを所定の方向に向けることが必要で、このオペレーションを「姿勢制御」と呼んでいます。誘導の計算によって、新たな目標姿勢を弾き出したコンピュータは、必要な姿勢変更のアクションを姿勢制御用のハードウェアに、電気信号によって指示します。この搭載コンピュータの指示する目標姿勢に向けるオペレーションが「姿勢制御」です。

一般に「誘導制御」という言葉で概括されているこれらのオペレーションを、以上の三つの要素に分けて考えることが合理的です。これらが相まって、ロケットは予定のコースをたどれるのです。

要点BOX

- ●ロケットの位置・速度・姿勢を知る「航法」
- ●誤差を修正して、目標の軌道に投入する「誘導」
- ●ロケットを所定の方向に向ける「姿勢制御」

誘導制御

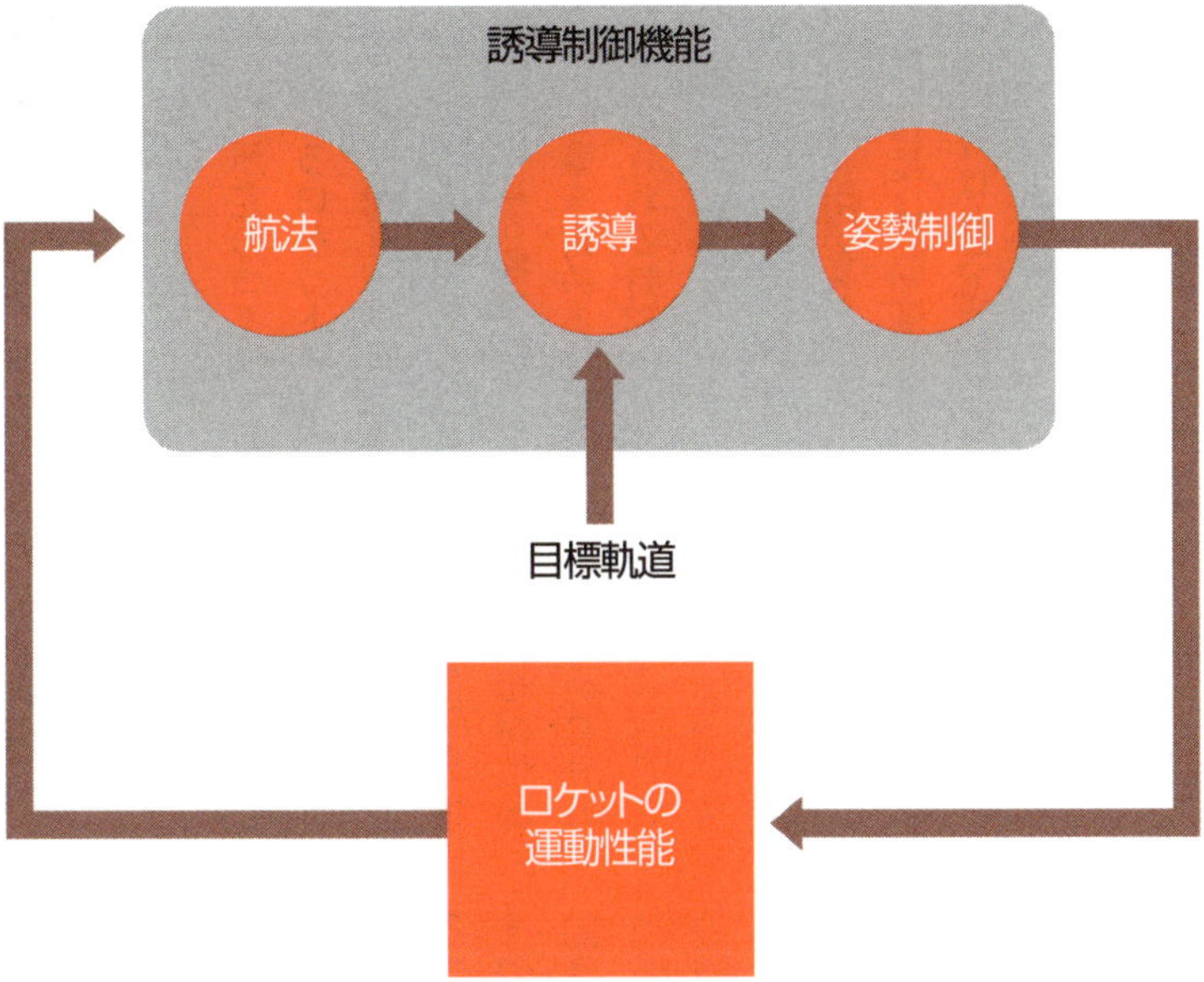
誘導制御機能
航法
誘導
姿勢制御
目標軌道
ロケットの
運動性能

代表的な航法

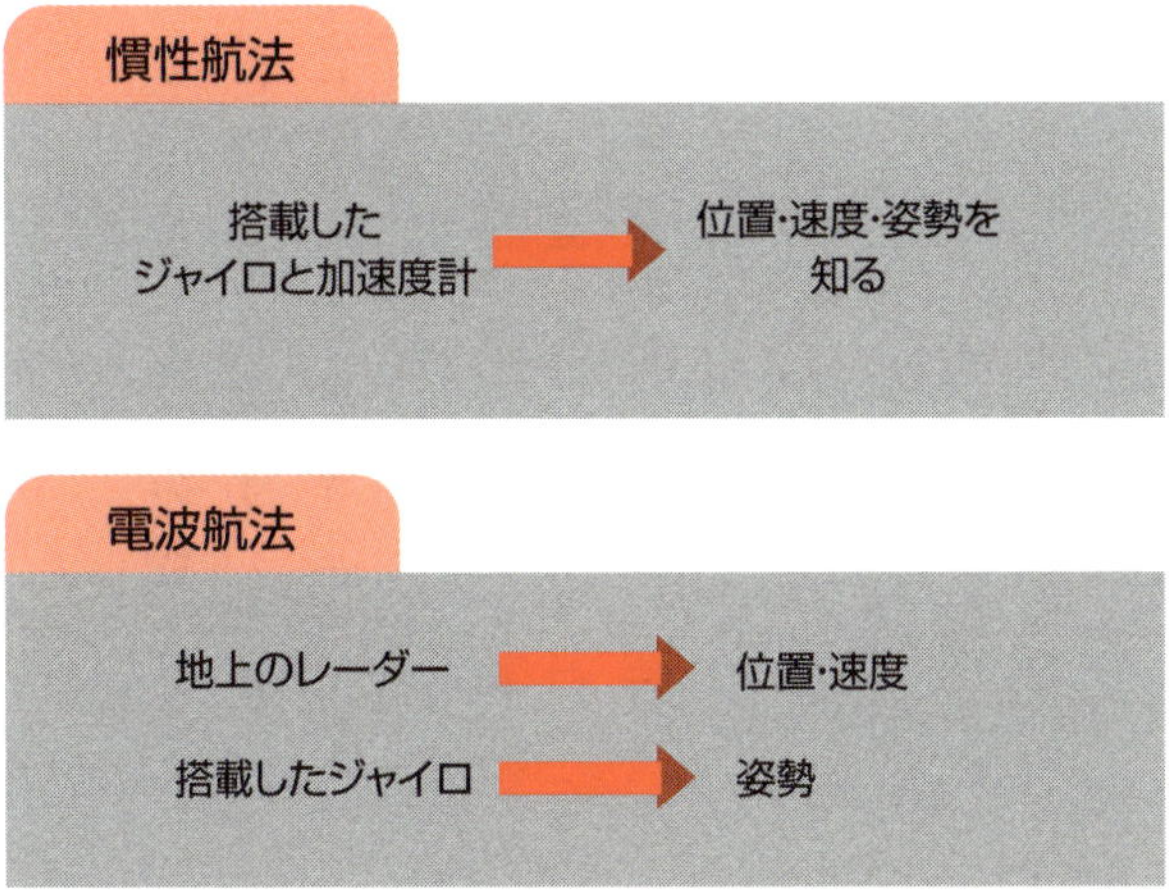
慣性航法
搭載した
ジャイロと加速度計
位置·速度·姿勢を
知る
電波航法
地上のレーダー
位置·速度
搭載したジャイロ
姿勢

35 ロケットの航法

慣性航法が多く使われる

ロケットに所定のコースをたどらせるためには、まず飛んでいるロケットの位置・速度・姿勢をリアルタイムで知る働きが不可欠です。このオペレーションが「航法」です。前ページに述べた「電波航法」と「慣性航法」の他には、探査機が星を観測して相対位置から自分の位置を定める「天測航法」、複数のGPS衛星から発信される時刻と軌道の情報から、GPS衛星との距離や距離変化率を求めることによって自分の位置・速度を決める「GPS航法」があります。

現在最も多く用いられているのは慣性航法です。慣性航法の精度は、加速度計やジャイロなどの「慣性センサ」と呼ばれる搭載計器に依存し、時間が経つにつれて誤差がたまっていくので、長期間にわたるミッションでは、慣性航法と精度の高くなってきたGPS航法と組合わせる「複合航法」が多くなっています。「はやぶさ」では、カメラによる光学情報をたくみに組合わせました。

ジャイロは、ロケットの重心の周りの回転運動の様子を検出するために使われる装置です。ジャイロの原理は、地球ゴマに見られるものです。回っているコマの軸は、一定の方向を向く性質があります。そのため、地球ゴマを回しておき、手でコマの軸の向きを変えようとすると、手に力を感じます。ロケットの向きが基準からずれると、ジャイロは、自分の軸の向きを変えようとするこの力を感じることによって、ずれの大きさを検出するわけです。

加速度計の原理はエレベーターに乗せた台ばかりのようなものです。エレベーターが止まっている時は、台ばかりの針は正しく乗せた物の重さを指しますが、エレベーターが上下に動くと、針は重い方を指したり軽い方を指したりします。加速度計は、この針の動きを検出するものです。加速度を打上げの瞬間からすべて合計すれば、その時の速度が分かります。すると速度の方も基準からのずれが判明します。

要点BOX
- 慣性航法の精度は加速度計やジャイロなどの慣性センサに依存する
- GPS航法と組合わせる「複合航法」

さまざまな航法

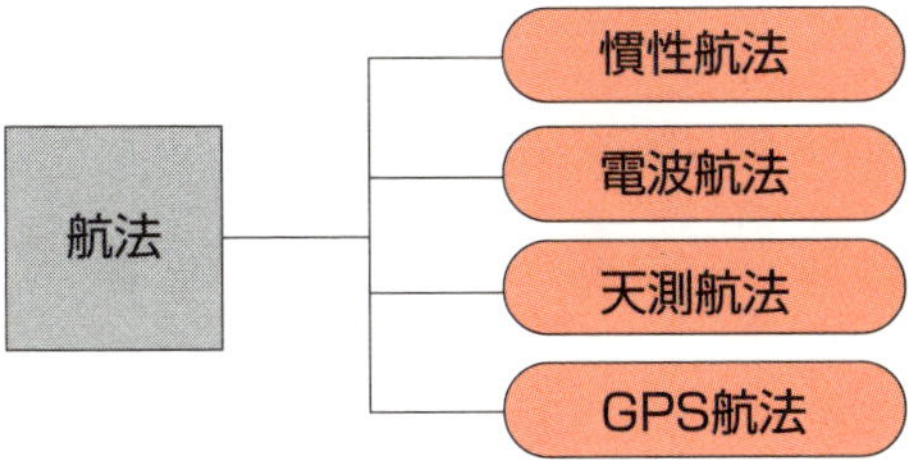

ジャイロ

ロケットが向きを変えると、ジャイロがその力を感じとる

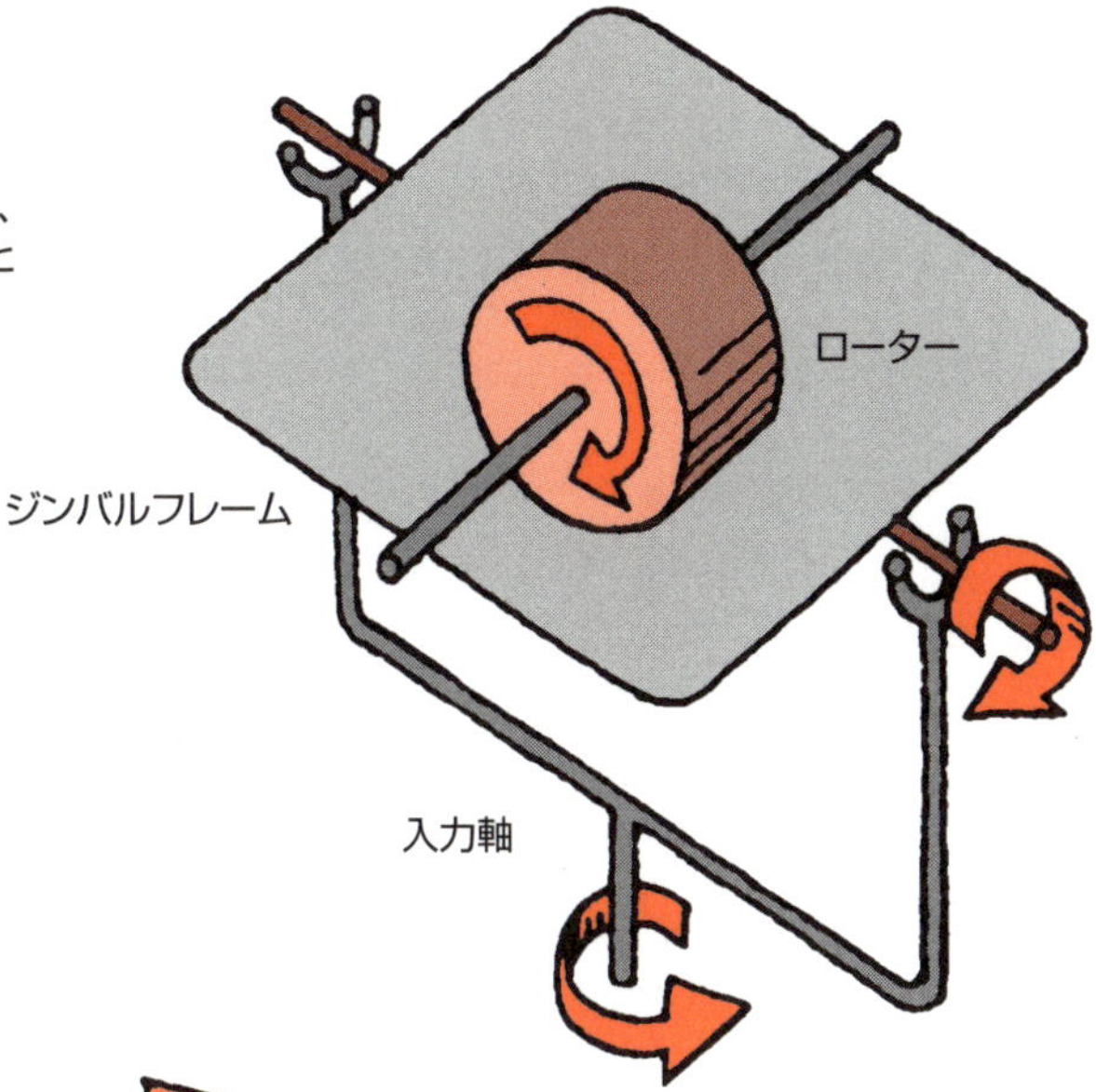

加速度計

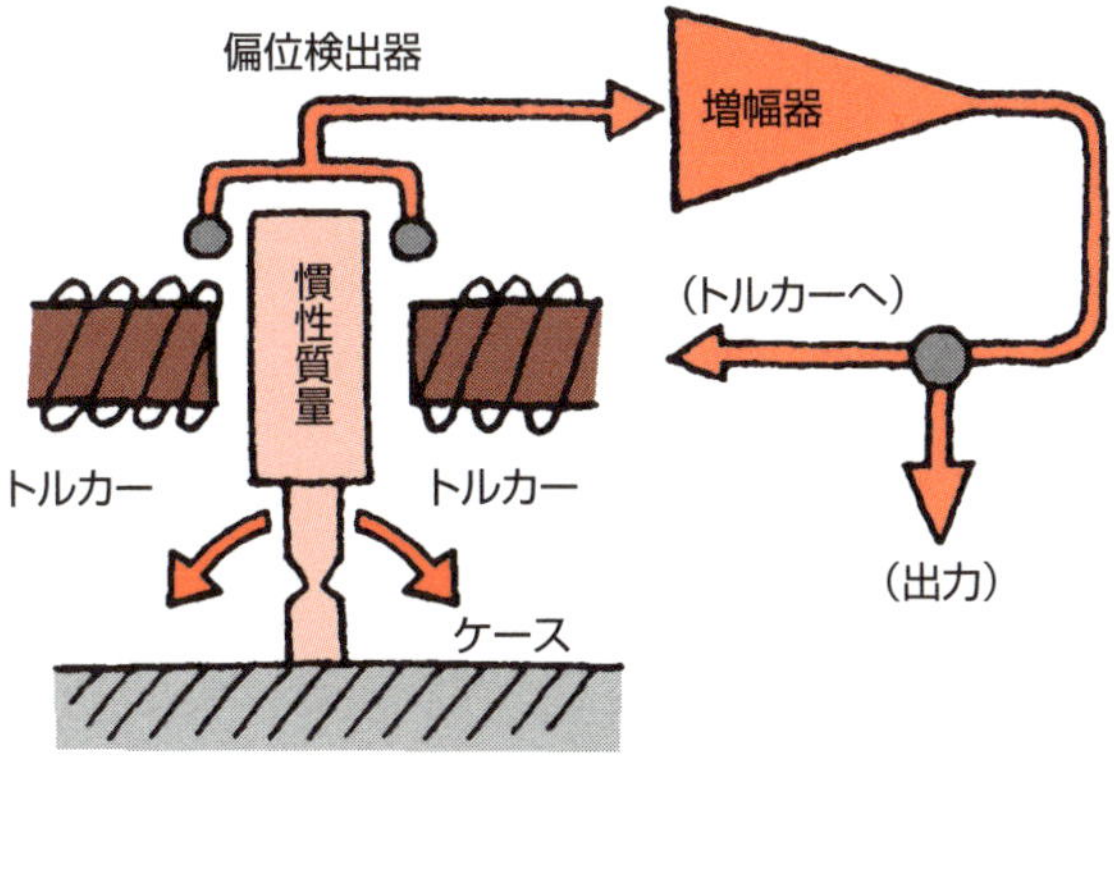

加速度計はロケットの重心が受ける加速度を感じとる

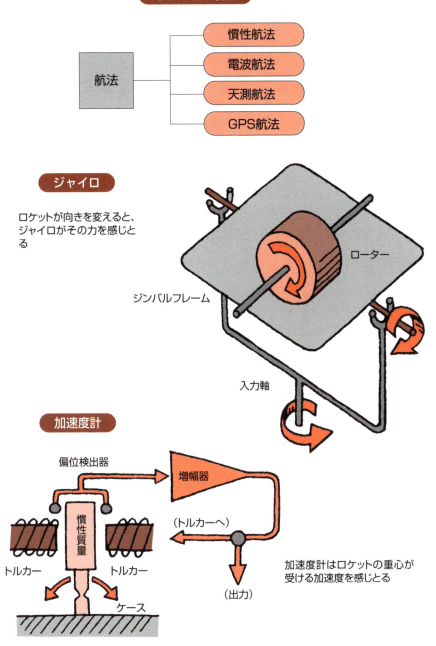

36 回転するジャイロと回転しないジャイロ

姿勢と角速度を測る

「こま」の回転軸が同じ方向を向き続けることは、幼い頃に「こま」で遊んだことのある人は経験で知っています。その性質を利用してさまざまな物体の動きを計るのがジャイロスコープ（ジャイロ）です。

私たちの住んでいる地球は宇宙空間に浮いていて、地軸を中心に自転しながら、地軸が同じ方向を保っています。これはジャイロの特性そのものです。

私たちが物の姿勢や角速度を計る道具であるジャイロは、地球のミニチュア版を実現するわけですが、ジャイロは、軸受けで支えられた高速回転する部分（ローター）とその軸受けを支えてローターに自由度を与える支持枠（ジンバル）からなっています。

ジャイロのローターに外から力が加わらない限り、ローターのスピン軸（回転軸）は慣性空間での向きは変わりません（慣性）。しかしジャイロに外からトルクを与えると、スピン軸は力の方向と垂直の方向に回転する性質があります（プリセッション）。

この慣性とプリセッションを利用するのが最も古典的なジャイロで、その原理を分かりやすく説明しているのが、昔、非常に流行った「地球ごま」です。

ジャイロには姿勢を計るものと角速度を計るものがあります。この種のジャイロの中で最も早くロケットに適用されたのが「フリージャイロ」です。これは姿勢を計る二自由度のジャイロです。角速度を計るジャイロとしては、二自由度の「チューンド・ドライ・ジャイロ」（TDG）、一自由度の「レートジャイロ」「レート積分ジャイロ」があります。

最近では、「こまを使わないジャイロ」が台頭してきています。コリオリの力を利用した振動ジャイロとか、サニャック効果を利用した光ジャイロなどです。ボーイングとエアバスが光ジャイロを航空機に採用した一九八〇年頃からプラットフォーム方式からストラップダウンへ、回転ジャイロから非回転ジャイロへ、徐々に時代が移り変わっています。

要点BOX

- ●高速回転する部分と支持枠で構成される
- ●姿勢を計るものと角速度を計るもの
- ●こまを使わない非回転ジャイロの台頭

地球ゴマ

回転運動を行っている間は常に同じ方向を示すという特性があり、回転軸を南北に合わせて回せば常に南北を示し続ける。地球ゴマの名前の由来は、これを使うと地球の自転、公転の説明ができるところからきている

回転するジャイロ

姿勢を計るジャイロ ―― フリージャイロ（2自由度）

角速度を計るジャイロ ―┬ チューンド・ドライ・ジャイロ（2自由度）
　├ レート・ジャイロ（1自由度）
　└ レート積分ジャイロ（1自由度）

回転しないジャイロ

コリオリカを利用 ―― 振動ジャイロ

サニャック効果を利用 ―― 光ジャイロ ―┬ リング・レーザー・ジャイロ
　└ 光ファイバー・ジャイロ

37 二つの慣性航法

センサの付け方が異なる

慣性航法は、加速度計とジャイロという二つのセンサをどのように取り付けるかによって、「ステーブル・プラットフォーム」方式と「ストラップダウン」方式に分類することができます。

ステーブル・プラットフォーム方式は、ジンバル機構で支持されたプラットフォームの上にジャイロと加速度計を取り付けます。プラットフォームは、ロケットの機体がどこを向いても、宇宙空間に対し一定の向きを維持する一つの慣性系を形成し続けます。この方式では、加速度計の値から直接にロケットの慣性系での速度と位置を計算でき、ロケットの姿勢角も、プラットフォームを支えているジンバルの、機体に対する角度から知ることができます。

ストラップダウン方式は、ジャイロと加速度計をロケットの機体に固定した形で取り付けます。「馬の背中のサドル（鞍）に革ヒモでくくりつけるように、センサをロケットに固定する」という意味合いからつけられた言葉です。この方式では、ジャイロと加速度計で検出した姿勢や加速度は、機体の座標軸に沿った値になっています。しかもロケットの機体座標系は時々刻々変化していくので、常に慣性座標系への座標変換を行わなければならず、搭載コンピュータはうんと頑張らなければなりません。しかし一方でジンバル機構など複雑な装置が必要ありません。

このように、ステーブル・プラットフォーム方式とストラップダウン方式とは一長一短です。ステーブル・プラットフォーム方式は、ジンバルなどハードウェア構成が複雑ですが、搭載コンピュータの負担は軽くなります。またストラップダウン方式は、コンピュータの計算は大変になるものの、ハードウェア構成が単純なので信頼性は増します。コンピュータが驚異的に進歩して、小さなコンピュータでも高い計算能力を持つ現代では、ストラップダウン方式が幅をきかせるようになっています。

要点BOX
- ●ステーブル・プラットフォーム方式は複雑な構成だが計算が簡単
- ●ストラップダウン方式は現代では有利に

ストラップダウン方式

ステーブル・プラットフォーム方式

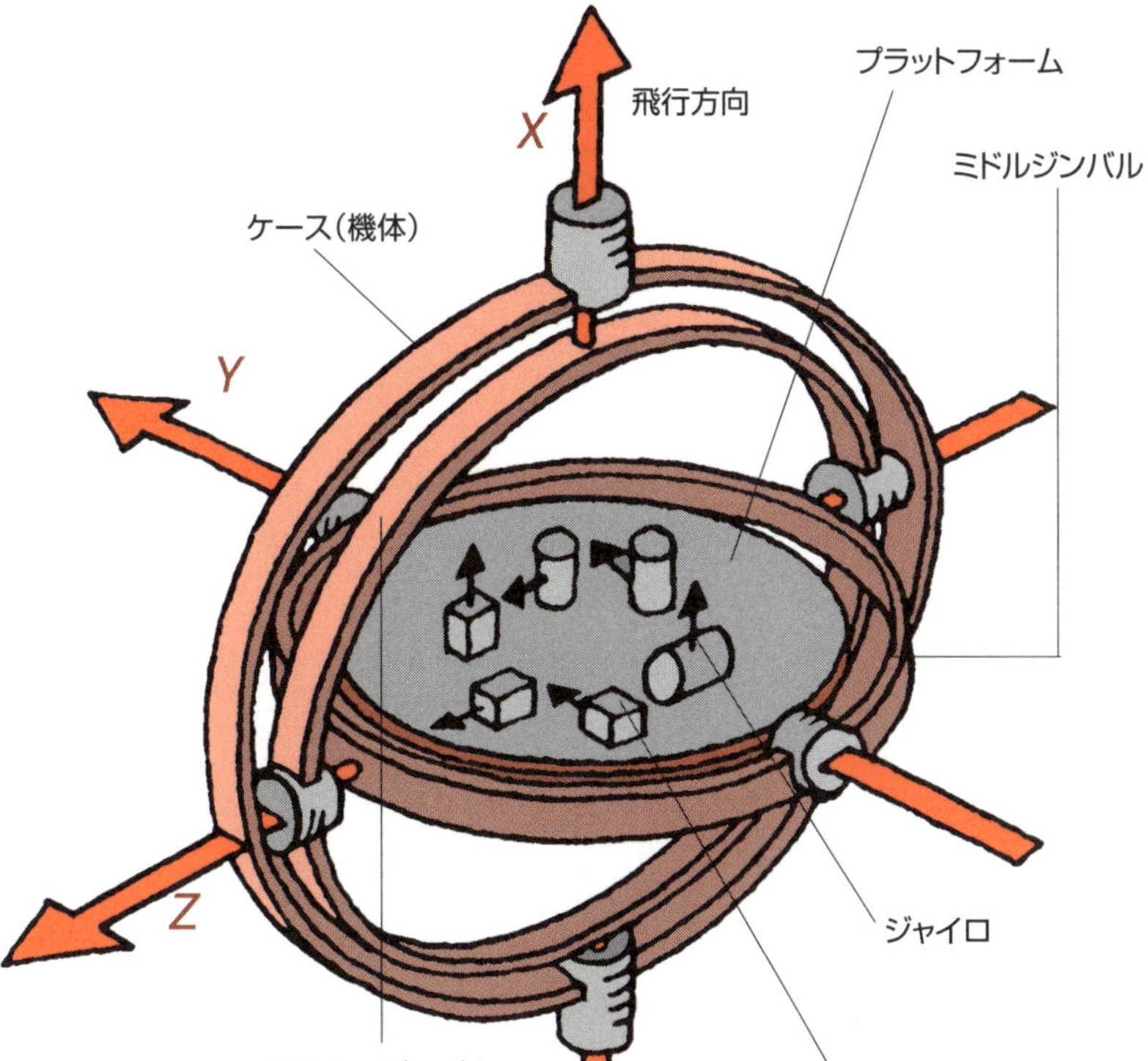

38 「こま」式ジャイロスコープ

ジャイロのいろいろ

まず慣性とプリセッションという「こま」の特性を利用するジャイロについて、しくみを説明しましょう。

ジンバルの回転部には、回転がスムーズになるように軸受けが用いられて、「フリージャイロ」は、その軸受けの摩擦をできるだけ小さくすることによって、ローターのスピン軸が慣性空間に対して一定の向きを維持するようにした二自由度のジャイロです。

有名な最初のミサイルV・2では、フリージャイロを二個搭載して姿勢基準としていましたが、現在では使われていません。

「チューンド・ドライ・ジャイロ」（TDG）は、回転する「こま」のコリオリ現象を利用したフリージャイロの一種と言えます。高速回転するローターを、フレクチャと呼ばれる機械式バネを介してシャフトにつないだもので、シャフトはジャイロモーターに接続されています。シャフトに角速度入力を与えた場合、ローターは外部からトルクが作用しなければ一定方向を保持しようとしますが、ジンバルからフレクチャを介してローターにトルクが作用するため、ローターがプリセッションします。TDGの基本原理は、シャフトの回転数とフレクチャの回転剛性を適当に調整することで、ジンバルからローターに作用するトルクをなくして、フリージャイロの性質を得ようとする二自由度ジャイロだということです。

レートジャイロは、ジャイロの出力軸回りの回転角が入力軸回りの回転角速度に比例するように働く一自由度のジャイロです。一方、レート積分ジャイロは、ジャイロの出力軸回りの回転角が、入力軸回りの回転角（つまり入力角速度の積分）に比例するように働くジャイロです。その代表的なものは、「浮動型レート積分ジャイロ」で、ケースの中に入れた液体にローターとジンバルを浮かばせて、出力軸の軸受けの摩擦を減らすしくみになっている一自由度のジャイロです。

要点BOX
- ●慣性とプリセッションを利用する
- ●「フリージャイロ」「チューンド・ドライ・ジャイロ」「レートジャイロ」「レート積分ジャイロ」など

TDG(チューンド・ドライ・ジャイロ)の概念

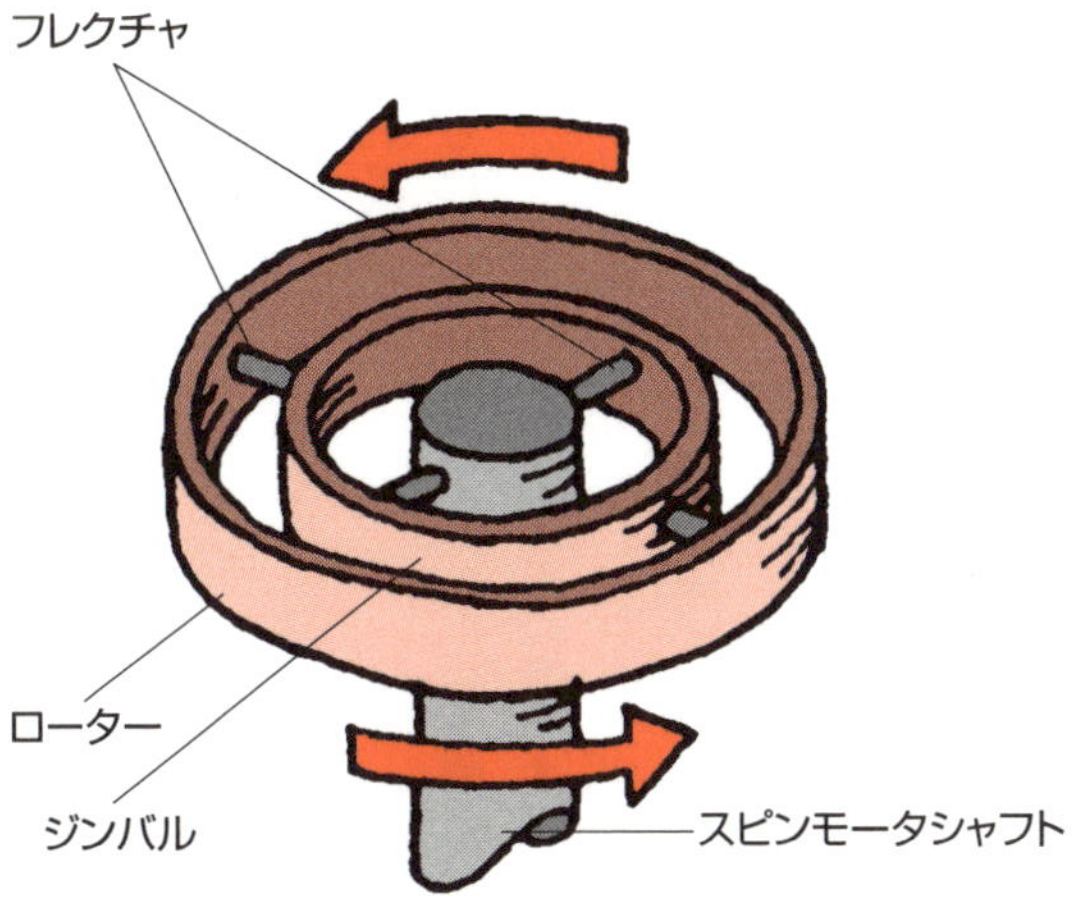

レートジャイロの構成

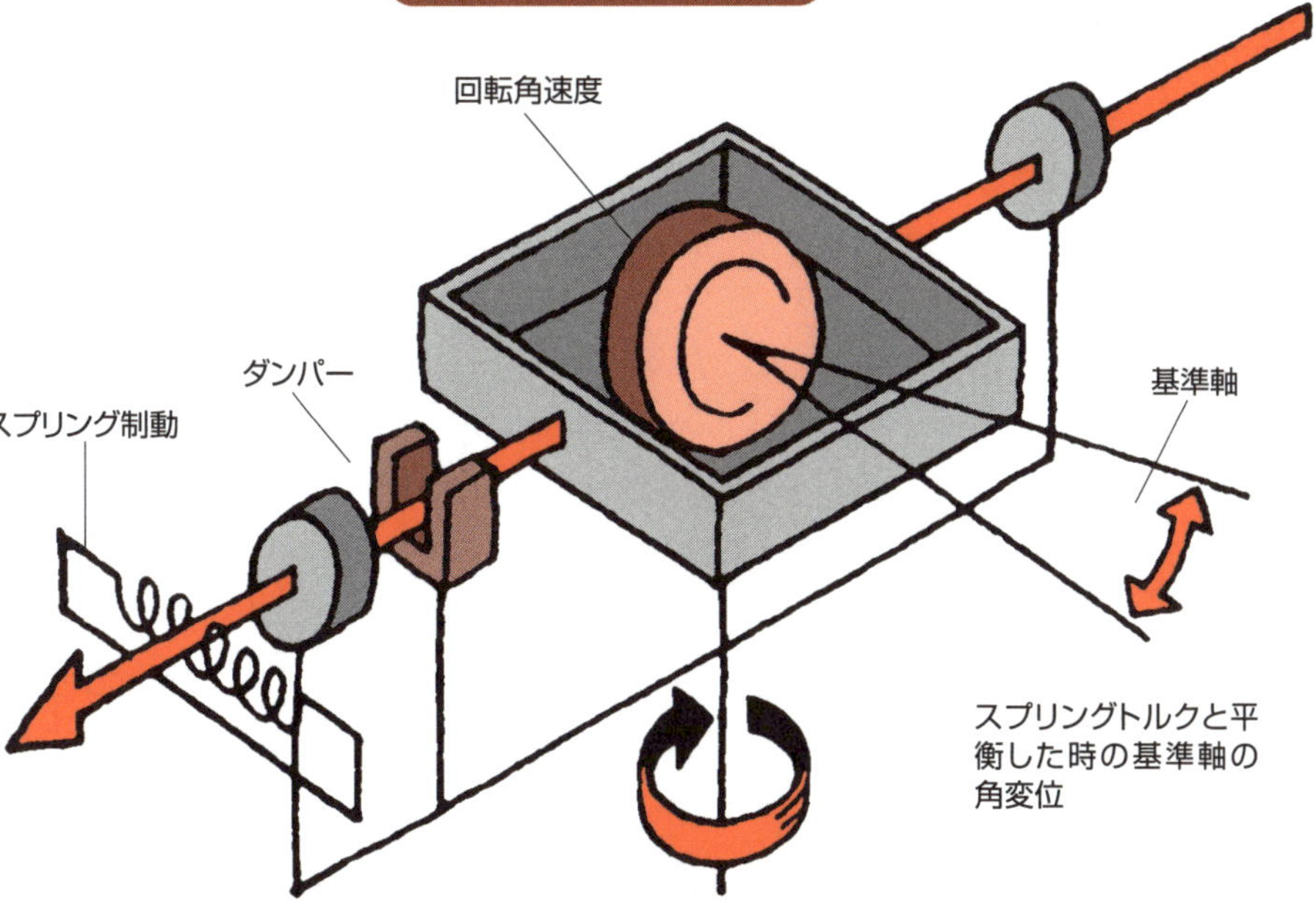

39 「こま」のないジャイロスコープ

振動ジャイロと光ジャイロ

最近では「こま」がなくてもジャイロと同じ働きをするセンサが発明されており、これを「エキゾチック・センサ」などと呼んでいます。ジャイロとしての性質を得る原理としては、コリオリ効果とサニャック効果が応用されています。

コリオリ効果は、ある速度で動いている物体に角速度が加わると、速度と加速度ともに直交する向きに「コリオリの力」が作用するというものです。コリオリ効果を利用するジャイロの代表格である「振動ジャイロ」は、速度とコリオリの力を弾性体の振動の中で生み出しているので、従来のレートジャイロと違って、回転するこまのない角度センサになります。

一方サニャック効果とは、空間に対してある角速度で回転しているリング状の光路を、光がひと周りするのに、左回りと右回りで見かけ上時間差（光路差）が生じる現象です。一九一三年にフランスのサニャックによって理論的に解明されました。

この原理を利用したジャイロは、一般に「光ジャイロ」とか「光学式ジャイロ」と呼ばれ、機械的回転部分を持たないことから高い信頼性を持ち、振動や衝撃にも強いことから、最近宇宙用に用いられるようになったものです。その代表格は、「リング・レーザー・ジャイロ」と「光ファイバー・ジャイロ」です。

同じサニャック効果を利用する方式でも、リング・レーザー・ジャイロの方は、たとえば細いガラス管の中に封入したヘリウム・ネオンのガスに電圧を加えることによって発振させて、右回りと左回りの光を作り出す「アクティヴ（能動）式」です。

一九七六年にアメリカのバリ教授らによって、その光路を光ファイバーで構成する光ファイバー・ジャイロ（FOG）が提案され、その後半導体レーザーなどの開発によって、近年飛躍的に発展してきています。こちらはリング・レーザー・ジャイロと違って、光を注入する「パッシヴ（受動）式」と言えましょう。

要点BOX
- ●振動ジャイロはコリオリ効果を利用
- ●光ジャイロはサニャック効果を利用
- ●光ジャイロにはアクティヴ式とパッシヴ式がある

MRLG(リング・レーザー・ジャイロ)の動作原理

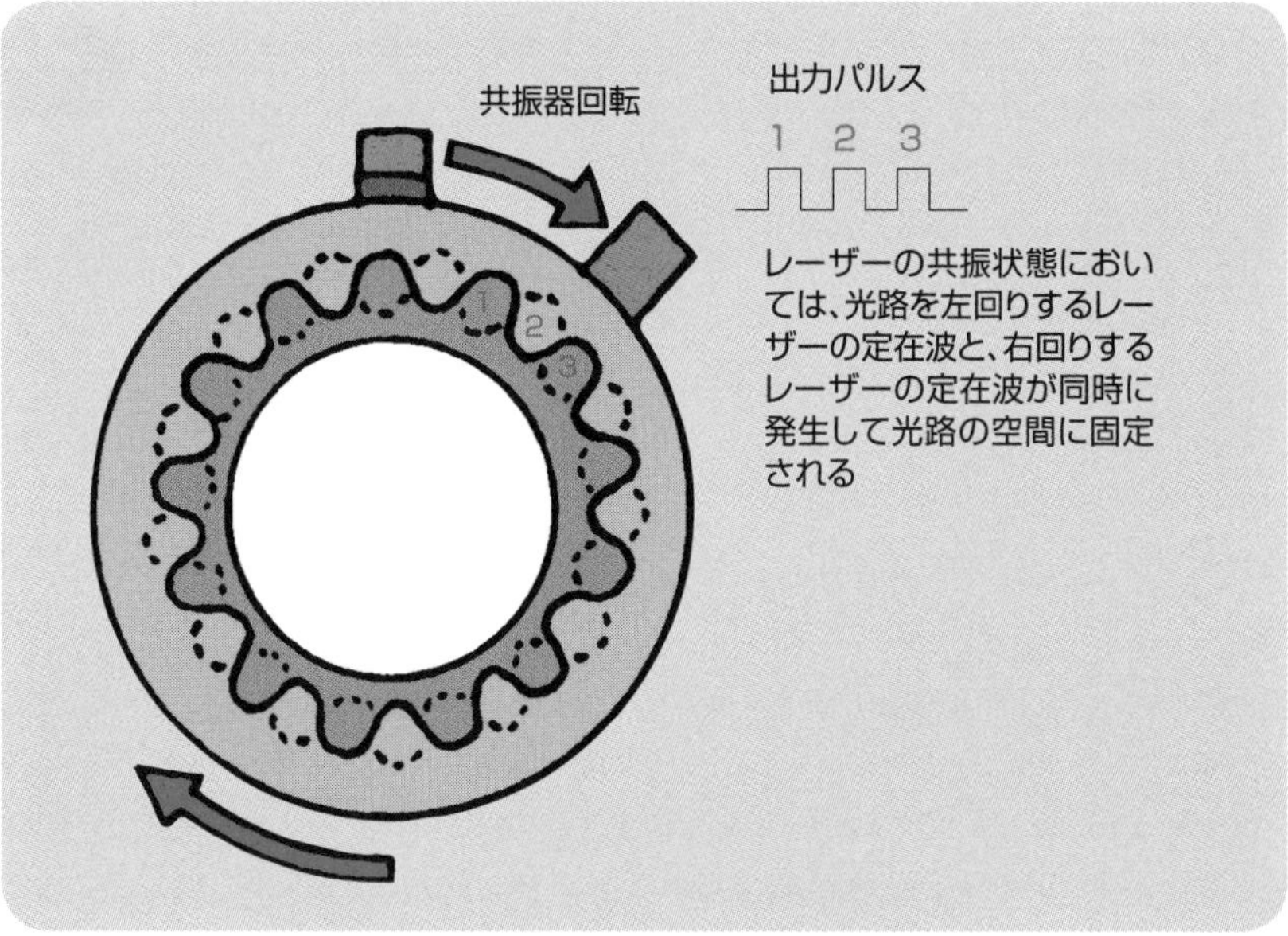

FOG(光ファイバー・ジャイロ)の概念図

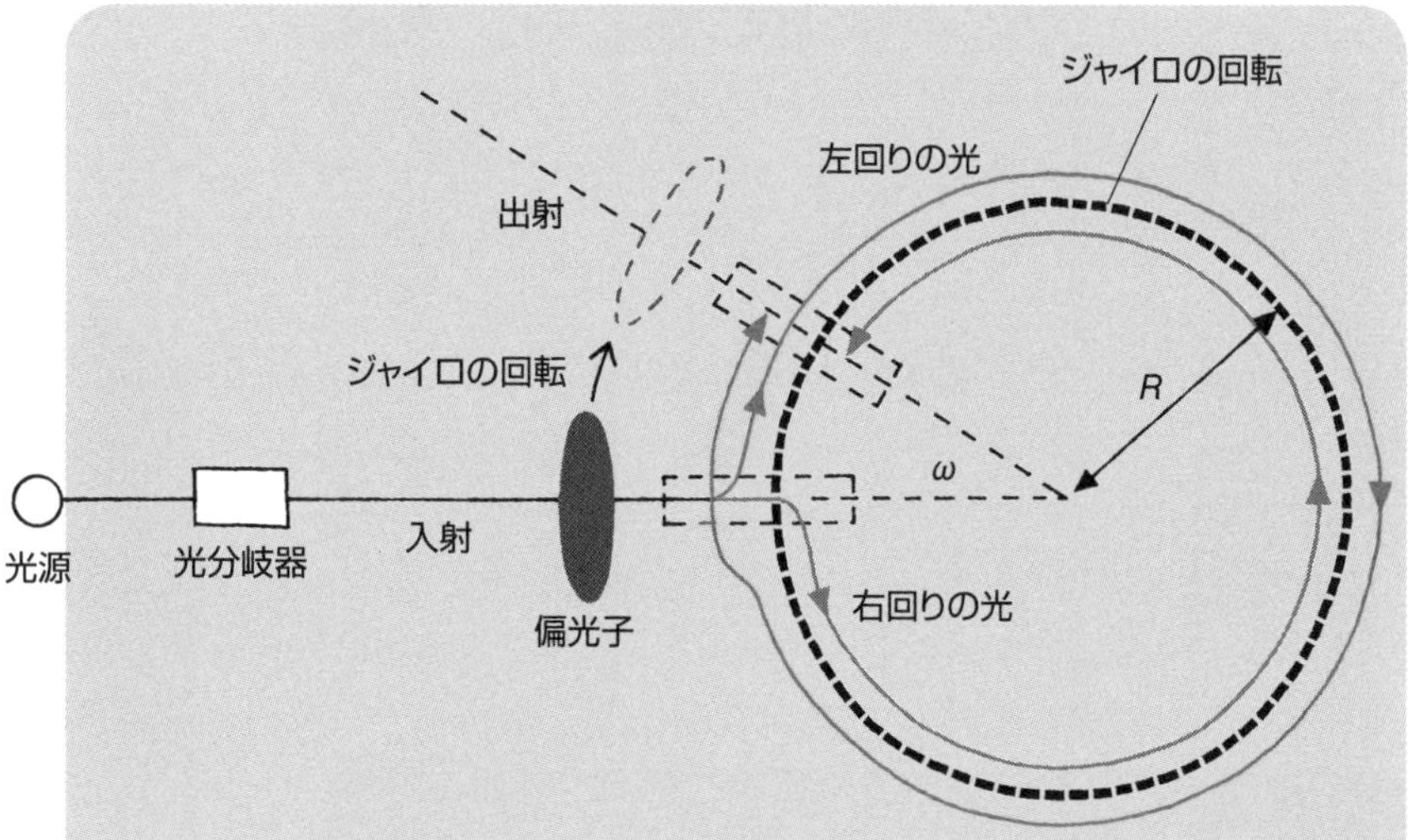

40 ロケットの誘導

目標の軌道に所定の精度で投入

ロケットが飛翔中に受ける外乱やロケット自身の性能のずれなどから生じた飛翔経路の誤差を修正して、目標の軌道に所定の精度で投入するオペレーションが「誘導」です。

最も初歩的な誘導の方式は、あらかじめ決めた姿勢変化の履歴を搭載コンピュータに憶えさせておいて、外乱が来ても予想外の性能が出ても、断固として計画どおりに飛ばす、「プログラム誘導」です。これはフィードバックがないやり方ですから、目標軌道に高い精度で投入することができません。

飛行中のロケットのリアルタイムの位置・速度の情報に基づいて、ロケットの姿勢変更を実行する閉ループのやり方には、航法の方式に準じて「電波誘導」と「慣性誘導」があります。電波誘導は、地上でロケットの飛行を見守ることができますが、地上から見えているうちしか誘導できないし、さらに誘導の精度が低くなります。慣性誘導は、打上げ後に地上局の助けが要らず、ロケットが自分の力で目標に向かって高精度で飛ぶので、大変便利な誘導方法です。

誘導のための指令信号をコンピュータが発しなければならないので、その信号を生み出す計算機のプログラムを準備しなければなりません。その誘導則の考え方に、「間接誘導」と「直接誘導」とがあります。

間接誘導は、飛行前に決めた目標とする標準経路（ノミナル軌道）に誤差が生じた時に、ノミナル軌道に戻すよう誘導するやり方です。これは飛翔中の実時間処理は少ないのですが、飛行前にはさまざまな事態を想定したパラメータ調整が必要になります。

直接誘導の方は、飛翔中の現在の状態と目標軌道で決まる状態とを満足する、いわゆる二点境界値問題の最適な近似解を、搭載コンピュータによって実時間で求めながら飛翔していく方式です。搭載コンピュータの性能向上がめざましいので、最近の大型ロケットでは直接誘導が多くなっています。

要点BOX

- リアルタイムの位置・速度をフィードバックする「電波誘導」と「慣性誘導」
- 誘導則には「間接誘導」と「直接誘導」の考え方

プログラム誘導方式

電波誘導方式

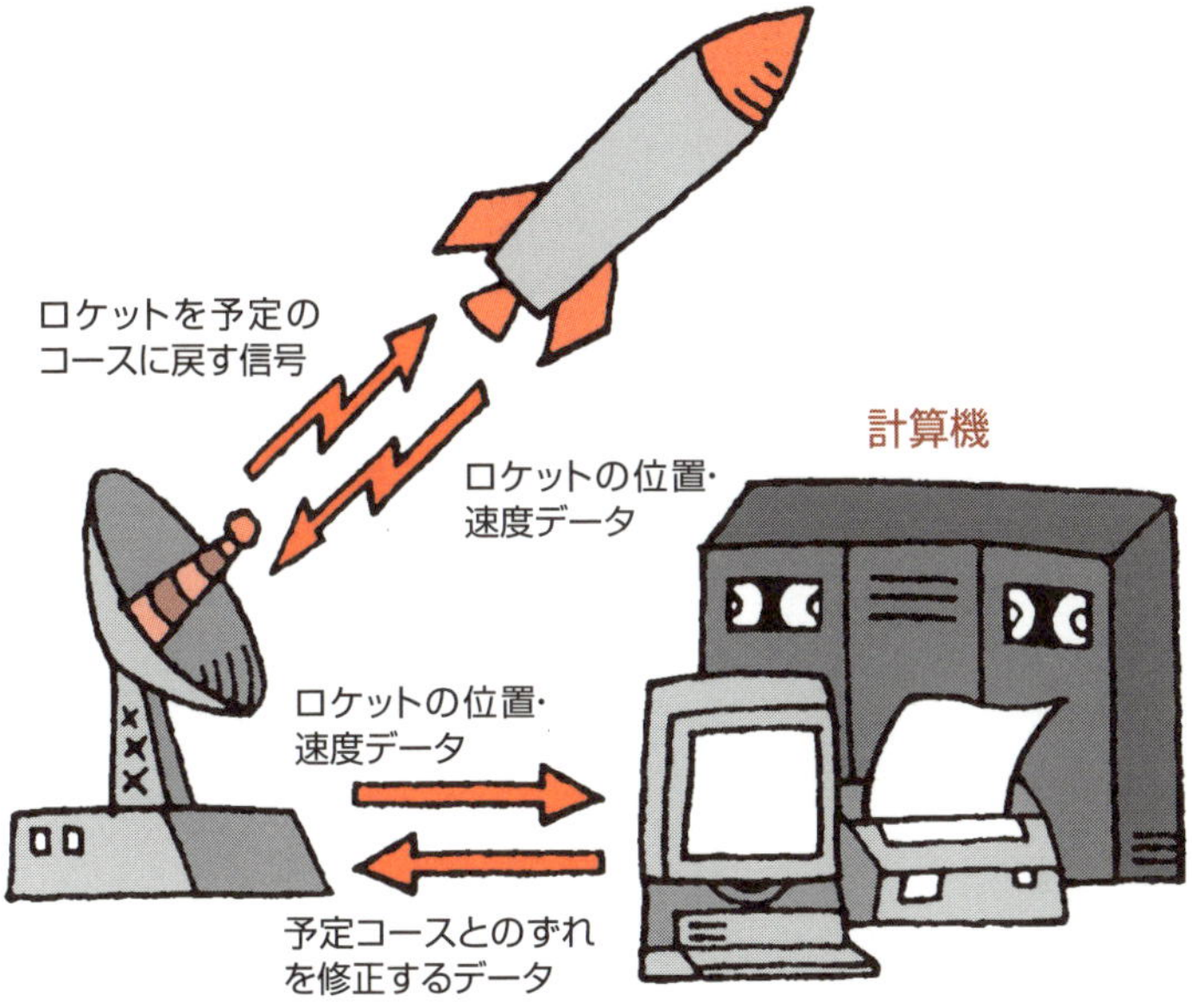

慣性誘導方式

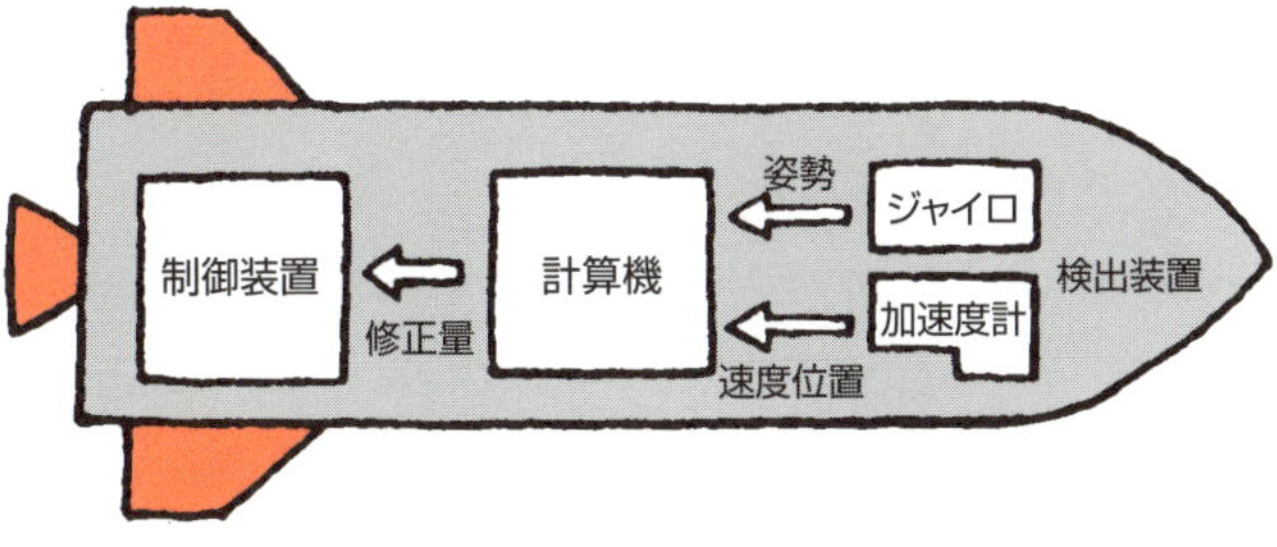

41 姿勢制御

飛翔中のロケットの姿勢を目標姿勢に向ける

飛翔中のロケットの姿勢を、関係するハードウェアを使って、誘導コンピュータの指示する目標姿勢に向けるオペレーションが「姿勢制御」です。

舵面制御は、フィンの一部を可動にして空気力を利用する方法です。空気も速度も十分な場合にしか使えないので、他の制御方式と併用します。フィンを持たない最近のロケットでは、特別の場合以外では使われていません。ジェットベーン制御は、ノズルの後方に黒鉛の板(フィン)を配置し、これを傾けて噴出ガスの向きを変えることで制御する方式です。V-2や初期の米ソのロケットで使われたことは有名ですが、熱的に厳しく現在は使われていません。

ガスジェット制御は、主エンジンとは別に小型のスラスターを配置し、そこからガスを噴出させてその反動で制御する方式です。サイドジェットとも呼ばれます。窒素ガスをそのまま吹き出すコールド・ガスジェットがよく用いられます。

二次噴射制御は、ノズルの途中にたくさんの穴を開けておき、コンピュータが指示する穴から液体や気体を吹き出して、ノズル内の主流の向きを変えることで制御する方式です。固体ロケットで多く用いられているやり方です。

ジンバル制御は、いわゆる首振りノズルで、ノズルをある支点の周りに回転させることによって噴出ガスの向きを変えます。ノズルを少し傾けるだけで大きな制御モーメントが発生するので、現在のロケットで多用されています。

スピン制御は、ロケットを機軸回りにスピンさせて姿勢を一定方向に維持しようとするものです。ロケット飛行の最終段階で衛星の軌道投入姿勢を決めると、あとはロケットと衛星が一体のままスピンさせ姿勢を保持させた状態で、最後の点火を行わなければなりません。他にも、観測ロケットなどでも外乱が来ても姿勢を保持したい時に使われます。

要点BOX
●ガスジェット制御、二次噴射制御、ジンバル制御、スピン制御など

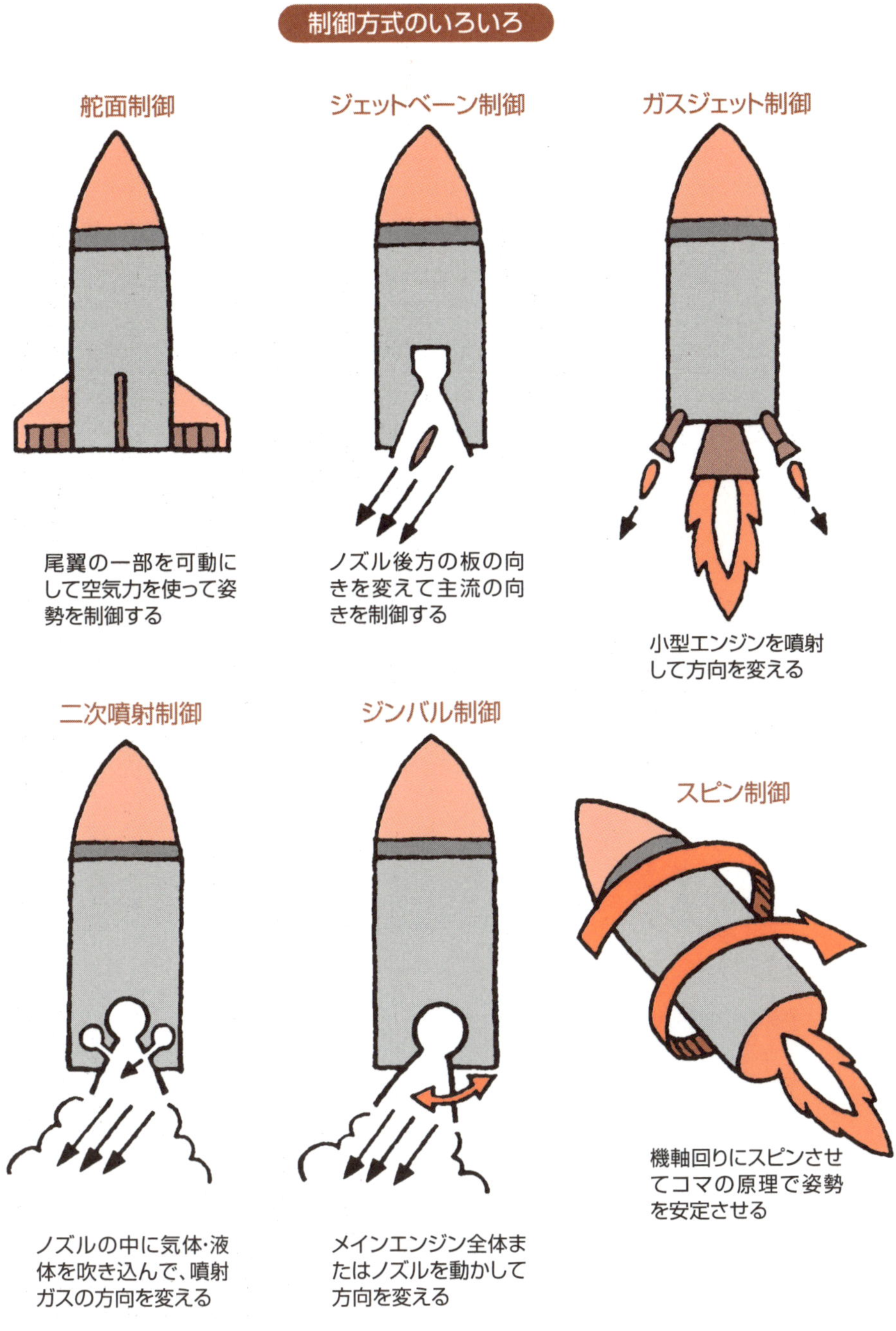
制御方式のいろいろ
舵面制御
尾翼の一部を可動にして空気力を使って姿勢を制御する
ジェットベーン制御
ノズル後方の板の向きを変えて主流の向きを制御する
ガスジェット制御
小型エンジンを噴射して方向を変える
二次噴射制御
ノズルの中に気体・液体を吹き込んで、噴射ガスの方向を変える
ジンバル制御
メインエンジン全体またはノズルを動かして方向を変える
スピン制御
機軸回りにスピンさせてコマの原理で姿勢を安定させる

Column

悪魔の「ハイフン」

一九六二年六月、アメリカ初の金星探査機マリナー1号を搭載したアトラス・ロケットが打ち上げられた。数分後に誘導用アンテナが故障し、バックアップのレーダー・システムに役割が引き継がれたが、アトラスの飛翔が大きく予定経路をそれたため、発射後四分五三秒、地上からの指令で爆破された。

解析の結果、原因は、誘導プログラムのソフトウェアからハイフンが一つ脱けていたことだと発表された。このソフトウェアは、先行する二つのレンジャー・ミッションにも使われて支障がなかったもので、誘導用アンテナが故障するという偶然が起きなければ、マリナー1号の飛翔は正常だったに違いない。

マリナー1号のお値段は、一八五〇万ドル(現在の相場に換算すると一億八五〇〇万ドル＝約二〇〇億円!)である。幸い、次のマリナー2号には間に合って、ソフトウェアは修正されて打ち上げられたので、NASA初の金星行きは達成された。

これをNASAは、悪魔のハイフン(infamous hyphen)と呼んで、ソフトウェアの大事さを説く姿勢を、私なども「なるほど」と納得していた。ところがその後、真実はもう少し複雑だったことが判明した。

脱けていたのはハイフンではなくオーバーバーだった。コーディング前の方程式を書いたエンジニアが、スムージング(平均値)を表す横棒(オーバーバー)を引き忘れたらしい。手書きの方程式に忠実にコーディングしたプログラマーは、「元凶」ではなかった。

NASAはこの時のミスで、「プログラム・チェックを完璧にやり遂げることは事実上不可能だが、見過ごしても大事に至らないかどうかの判定を下すコツを身につけた」という。その教訓は、後のアポロ計画に有効に活かされ、月着陸船も、いくつかのソフトウェアのバグにもかかわらず、無事に飛行士たちを月面に送り込んだという。

第7章 ロケットの打上げ

ロケットの打上げ作業の進め方は国により発射場によって多少は異なるでしょうが、あらかじめ作成されたタイム・スケジュールに沿って、厳格に管理されながら進められます。発射作業の指揮者はコントロール・ルームにいて、発射の準備作業を進めている現場の人たちと、指令電話と場内放送で連絡をとりながら、スケジュールを消化していきます。

42 世界のロケット発射場

ロケットの発射場は世界中に分布しています。最も高緯度にあるのは、おそらくノルウェー領のスピッツベルゲンにあるニュー・オルソン（北緯七八度）でしょう。ここは、宇宙科学研究所でも観測ロケットSS-520の打上げに使わせていただいたこともありますが、極寒の地で、北極熊がうろついているというので、ブロックハウスの入り口には猟銃が立て掛けてあるというものものしさです。

かと思うと、アフリカ・ケニアのサン・マルコ基地やアリアン・ロケットを打ち上げている南米のフランス領ギアナのクールー基地のように、赤道近くにある発射場もあります。

発射場の緯度が違うと、地球の表面速度が違います。地球は自転軸の周りを約二四時間でひと周りしており、緯度が違うと、ひと周りの距離が違ってくるのですね。そこで、表面速度を比べてみると、ニュー・オルソンでは秒速九〇メートル、バイコヌール宇宙基地（北緯四六度）では秒速三二五メートル、種子島宇宙センター（北緯三〇度）では秒速四〇〇メートル、クールー（北緯五度）では秒速四二六メートルといった具合に随分と差が出てくるのです。

地球は西から東に向かって自転しており、この自転の表面速度を利用して打上げを行うと大変得をします。因みにニュー・オルソンとクールーでの表面速度の違い（秒速三三六メートル）を稼ぎだすためには、たとえば日本のM-Vロケットの場合だと、一段目の燃料の三六%を消費しなければなりません。

人工衛星になるために必要なスピードは、ほぼ秒速八キロメートルで、その中の秒速三三六メートルの差なんて大したことはないように見えますが、地上を発射して地球の引力と大気抵抗を乗り越えていく最初の段階では、多くの燃料が要るのです。一般的には低緯度の発射場から打ち上げるほど、スピードについては得をするということになるわけです。

低緯度ほど燃料が得

要点BOX
- ●ロケットの発射場は世界中に分布
- ●緯度が違うと地球の表面速度が違う
- ●緯度が低いほどスピードは得をする

世界のロケット打上げの位置

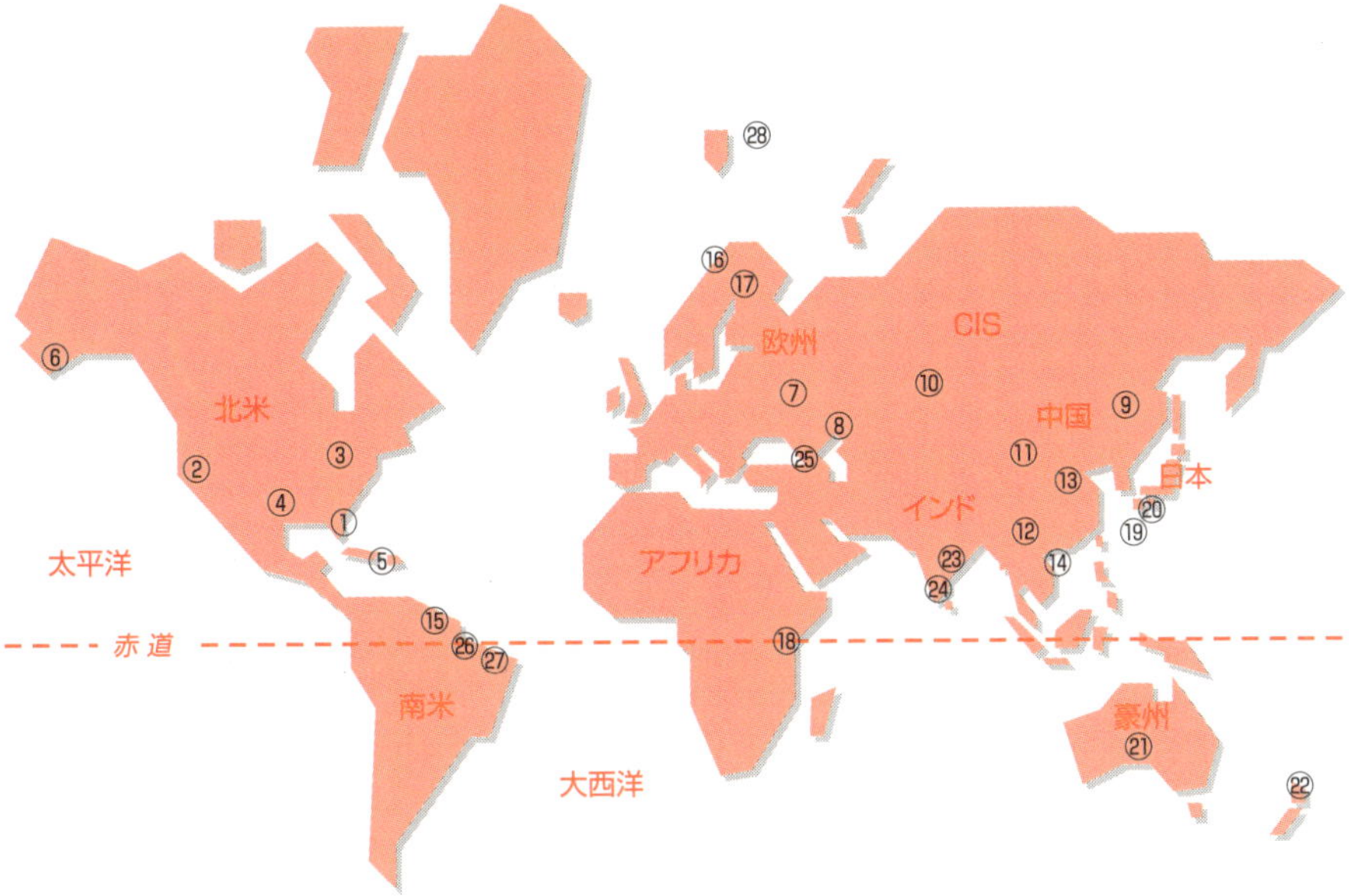

①NASAケネディ宇宙センター及びケープカナベラル空軍ステーション
②バンデンバーグ空軍基地
③NASAワロップス射場
④ホワイトサンズ射場
⑤スペースポート・フロリダ
⑥コディアク打上げセンター
⑦プレセーツク射場
⑧カプースチン・ヤール射場
⑨ボストーチヌイ射場
⑩バイコヌール射場
⑪酒泉宇宙センター
⑫西昌宇宙センター
⑬太原宇宙センター
⑭文昌宇宙センター
⑮ギアナ宇宙センター
⑯アンドーヤ射場
⑰エスレンジ射場
⑱サンマルコ射場
⑲種子島宇宙センター
⑳内之浦宇宙空間観測所
㉑ウーメラ射場
㉒マヒア射場
㉓サティシュダワン射場
㉔トゥンバ射場
㉕パルマチン空軍基地
㉖アルカンタラ射場
㉗バライラ・ド・インフェルノ
㉘ニュー・オルソン

地球の表面速度は緯度によって違う

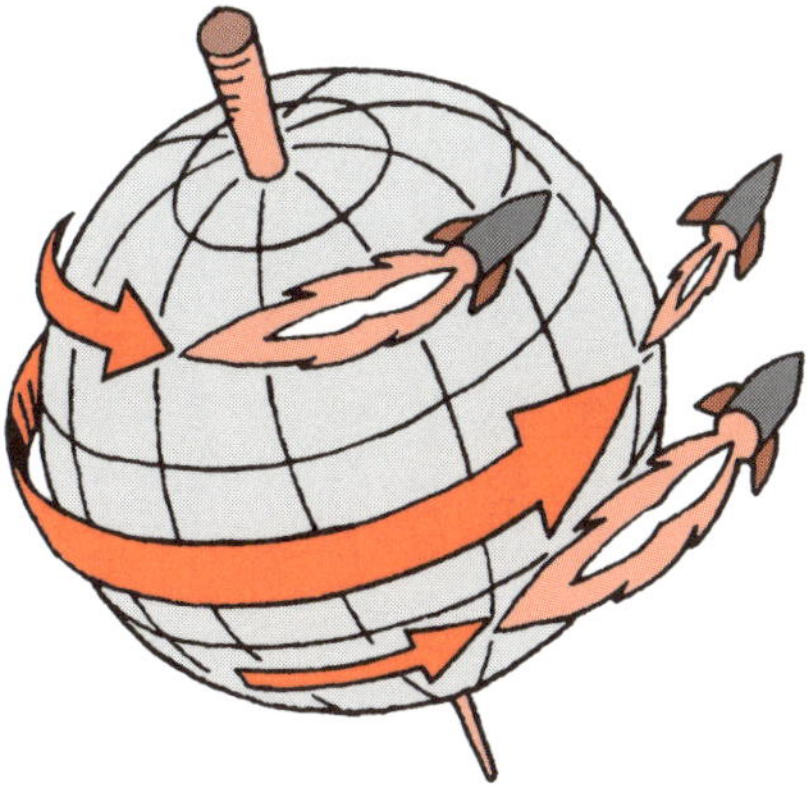

自転の角速度は同じでも、発射場の緯度によって回転半径が異なるので表面速度は異なる

43 日本のロケット発射場

現在JAXA（宇宙航空研究開発機構）の人工衛星・探査機を打ち上げているのは、内之浦宇宙空間観測所（USC）と種子島宇宙センター（TNSC）の二か所です。液体燃料ロケット（H-ⅡA、H-ⅡB）は種子島から、固体燃料ロケット（イプシロン）は内之浦から打ち上げられています。

明確に宇宙を意識したロケットが日本ではじめて発射されたのは、東京・国分寺のペンシル・ロケット（一九五五年四月）です。その後、西千葉の東京大学生産技術研究所（現在の千葉大学の敷地）で、ペンシル300、二段式ペンシル、無尾翼ペンシルなどいろいろなペンシル発展型を水平発射していました。

一九五五年八月から秋田・道川海岸から日本海に向かって、ベビー、カッパなどのロケットが打ち上げられました。

GHQの太平洋岸使用緩和措置を迎え、糸川英夫の有名な全国行脚を経て、一九六二年からは鹿児島・内之浦から東に向かって、大型化していくカッパ→ラムダ→ミューを打ち上げるようになりました。

東大の観測ロケットは、上記の秋田ロケット実験場以外に、気象庁の気象観測用のロケットを打ち上げていた岩手県綾里の発射場があります。また、南極の昭和基地では、オゾン測定やオーロラ観測などを目的とした観測ロケットが打ち上げられていました。

一方、旧科学技術庁の小型ロケットが、新島の射爆場を間借りして一九六三年から一九六五年にわたって打ち上げられ、一九六九年からは新設された種子島宇宙センター（TNSC）で打ち上げるようになりました。

また、北海道・大樹町の北海道スペースポートからインターステラテクノロジズが「MOMO」「ZERO」ロケットを打ち上げ、紀伊半島南端のスペースポート紀伊からスペースワンの「カイロス」ロケットが打ち上げられています。

要点BOX
- ●内之浦宇宙空間観測所からは固体燃料ロケット
- ●種子島宇宙センターからは液体燃料ロケット
- ●北海道の大樹町では民間ロケットを打上げ

日本のロケット発射場

大樹町・北海道スペースポート
多目的航空公園2002年～
CAMUIロケット、MOMO、
ZEROなど
秋田・道川海岸
1955年8月～1962年
東京大学：ベビーロケット、カッパロケット
岩手・綾里　気象ロケット観測所
1970～2001年
気象庁：気象ロケット
東京・国分寺
1955年4月
東京大学：ペンシル・ロケット
スペースポート紀伊
2024年～
カイロス
千葉・西千葉（東京大学生産技術研究所）
1955年6月
東京大学：ペンシル・ロケット発展型
東京・新島射爆場
1963～1965年
科学技術庁：小型ロケット
鹿児島宇宙空間観測所（KSC）
1962年～　東京大学：カッパ、ラムダ、ミューロケットなど
内之浦宇宙空間観測所（USC）
2003年～　JAXA：ミューロケット、イプシロンロケットなど
種子島宇宙センター（TNSC）
1969年～　宇宙開発事業団：J-I、N、Hロケットなど
2003年～　JAXA：H-IIロケット
南極・昭和基地
1970～1985年
観測ロケット

44 中国とインドの台頭

宇宙強国をめざして

アメリカの初期のロケット開発の中心メンバーとして活躍した銭学森が帰国した時、革命後の中国は彼をリーダーとして宇宙開発計画を立ち上げました。ソ連からもミサイル、文書が供給され、専門家も多数派遣されました。

一九六〇年に中ソ関係が突然壊れましたが、以後独力で開発を進め、一九七〇年四月、中国初の衛星「東方紅」を軌道に送りました。現在では「長征」と呼ばれる世界的なレベルの宇宙輸送システムのシリーズを作り上げています。

酒泉、西昌、太原、文昌という四つの発射場を持ち、気象・測位・地球観測など、重厚な宇宙活動のネットワークを築きつつあります。二〇〇三年一〇月には、楊利偉を乗せた神舟5号を打ち上げ、有人宇宙飛行を世界で三番目に達成した国となりました。また、「嫦娥」シリーズで月探査にも精力的に取り組み、二〇二四年には嫦娥6号を打ち上げて、世界初の月の裏側からのサンプルリターンに成功しました。独自の宇宙ステーションも建設しています。

二一世紀にはロケット矢を使っていたと言われるインドも、宇宙分野で台頭著しい国です。一九四七年にイギリスから独立した後、「インドの宇宙開発の父」ヴィクラム・サラバイが先導して、宇宙開発を立ち上げました。

一九七三年に始めた四段式の固体ロケットSLVを皮切りに、ASLV→PSLV→GSLVと能力を高め、静止軌道への投入能力も持ち、しかも超小型衛星を同時に一〇〇個も軌道に乗せるという異色の技術に磨きをかけています。

発射場はトゥンバとスリハリコタの二か所。宇宙技術を通信、天気予報、地図作り、資源調査などの国民の生活を改善するために応用することに焦点を置いていることが特徴です。月探査、火星探査にも精力的に取り組んでいます。

要点BOX
●銭学森をリーダーに宇宙開発を立ち上げた中国
●有人宇宙飛行計画や月探査を強力に進める
●サラバイが先導したインドも台頭著しい

中国の宇宙開発

銭学森

「嫦娥6号」による月の裏側からのサンプル採取
（想像図）

多彩な長征ロケットのシリーズ

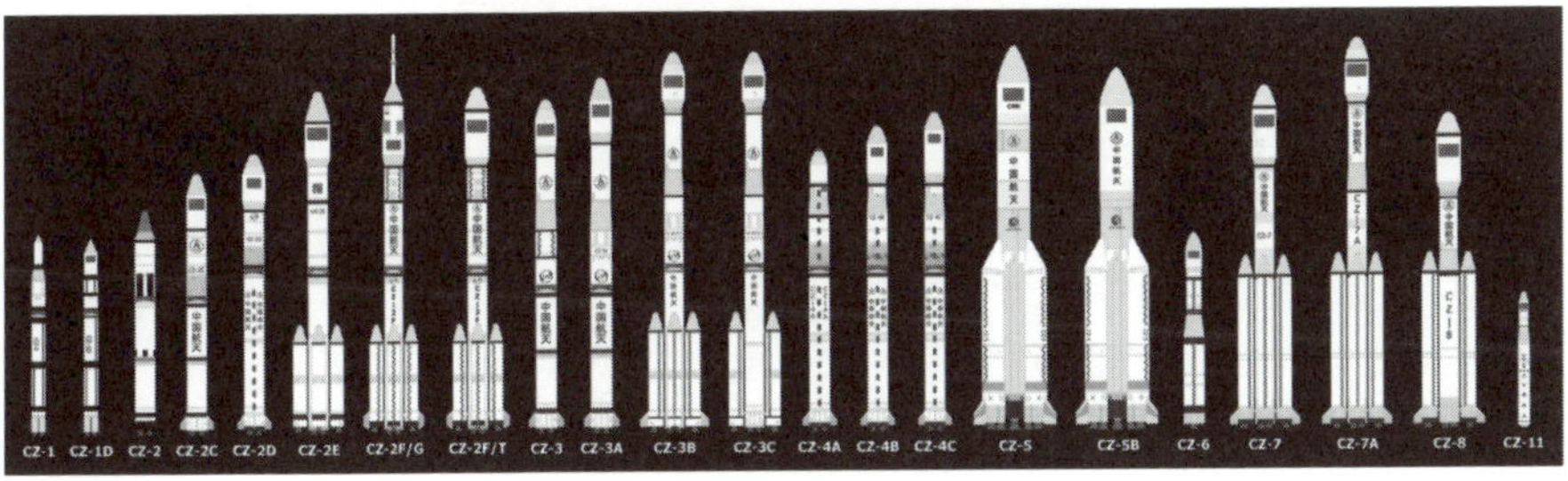

インドの宇宙開発

ヴィクラム・サラバイ

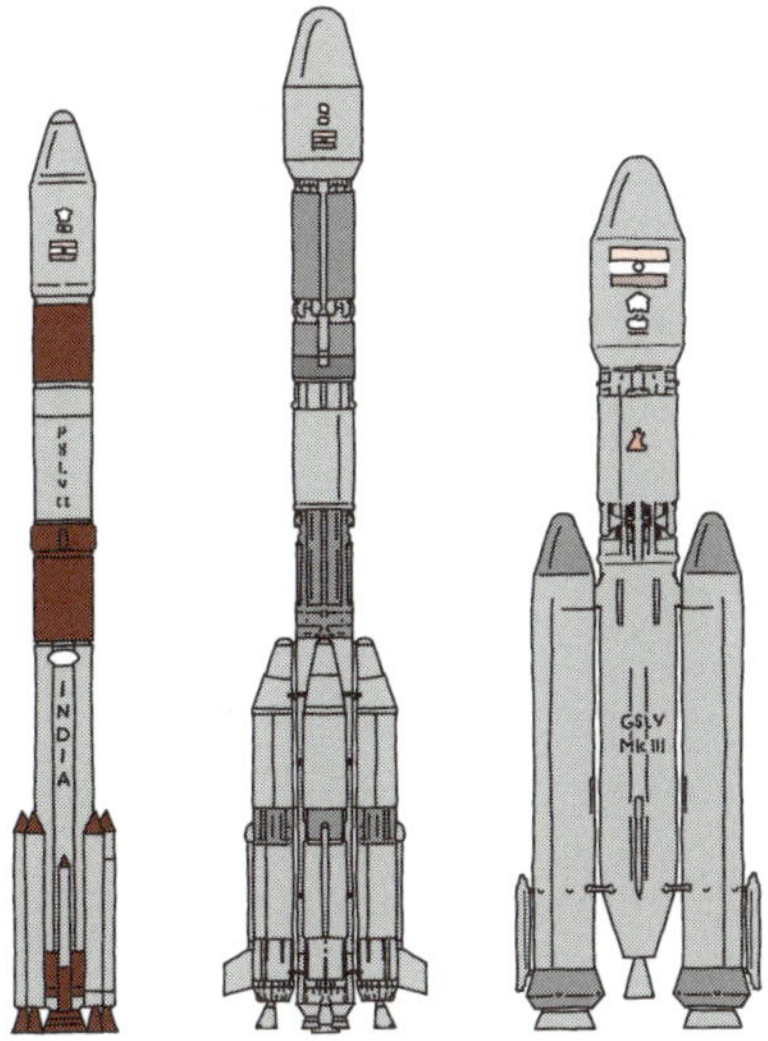

PSLV　GSLV　GSLV MK-Ⅲ

45 拡大する世界の宇宙ビジネス

近いうちに百兆円規模に

人工衛星が地球を周回し始めると、国家の威信や科学探査以外にも、宇宙という特殊な位置や環境は、地上の人々の生活に役立つさまざまな活用の仕方が考えられることが分かってきました――宇宙技術を天気予報、遠距離通信、テレビ中継、カーナビなどに活用するため、それぞれの国で、技術革新の波をバックにして高い技術力を持つ企業も育ってきました。

そして衛星を地上の生活に利用しようという人々の欲求は爆発的に増大し、その需要を満たすために、地球周辺の空間は人類の当たり前の活動領域と化していきました。そのような取り組みは「宇宙ビジネス」と呼ばれるようになり、これまで国が主導してきた「第一期宇宙時代」に代わって、現在は、民間企業が国を顧客として主導的な役割を担う「第二期宇宙時代」が始まっています。

その後、さまざまな企業が宇宙ビジネスに参画し、そのビジネスの内容も、ロケット打上げと衛星利用を軸として多様な展開を見せるようになりました。とりわけ、通信・測位・観測を柱とする衛星サービスの成長がめざましく、日本でも宇宙ベンチャー企業が続々と登場しています。

二〇二〇年に四三兆円と言われていた宇宙産業の規模は、二〇四〇年には一二〇兆円にまで拡大すると予測されています。規模の大きさとしては衛星ビジネスが圧倒しており、中でも近年は、小型衛星の市場が宇宙ビジネスの世界を牽引するようになってきています。

現在、約四兆円の規模と言われる日本の宇宙産業も、二〇三〇年代初頭までには約八兆円に拡大することが見込まれ、政府は今後一〇年間にＪＡＸＡを通じて一兆円を宇宙市場に投入する「宇宙戦略基金」が立ち上げられました。

民間の宇宙ビジネスが急速拡大することで、人類の宇宙活動は新しい時代に入りました。

要点BOX

- さまざまなニーズの応えるために拡大・発展するビジネス
- 民間企業主導の「第二期宇宙時代」へ

いろいろな宇宙ビジネス（イメージ）

宇宙ビジネスの分野別の規模（2019）

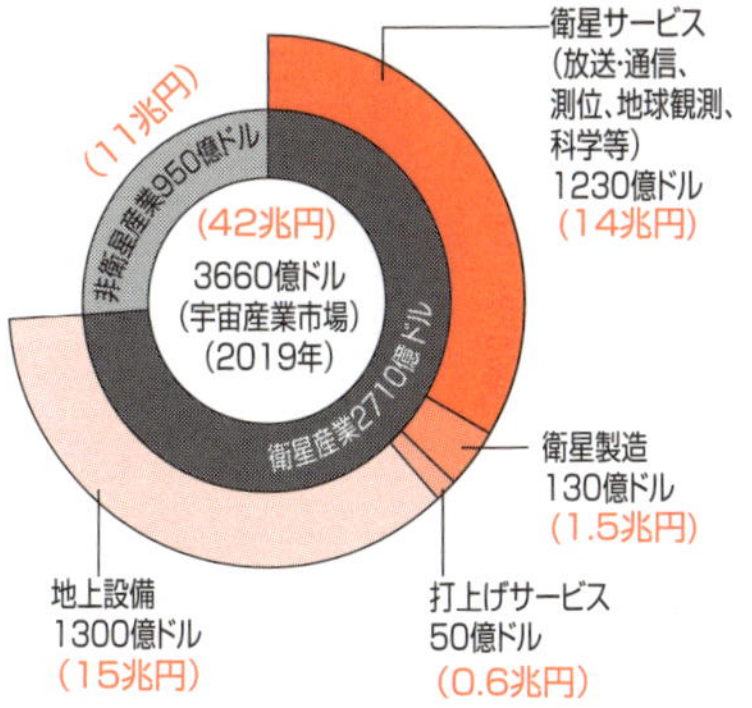

出典:Bryce and Technology

世界の宇宙産業の規模の推移

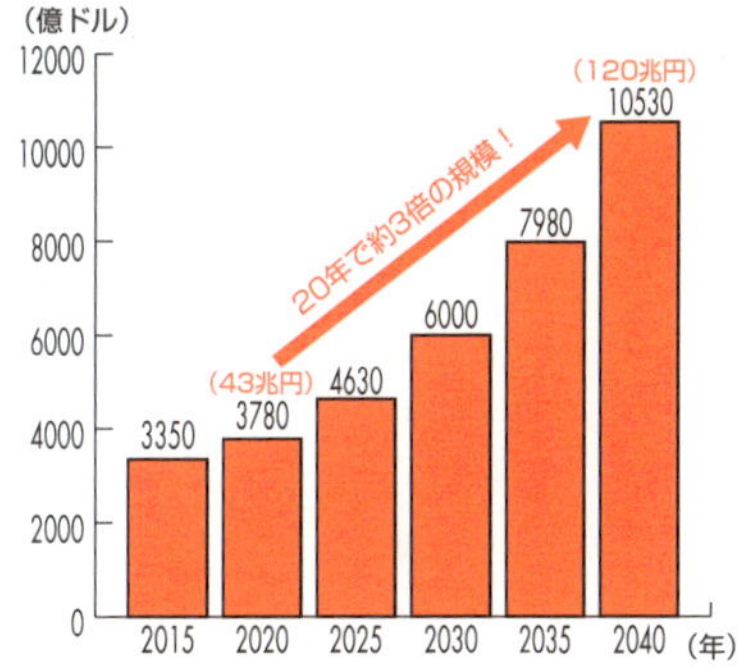

出典:Haver Analytics, Morgan Stanley Research

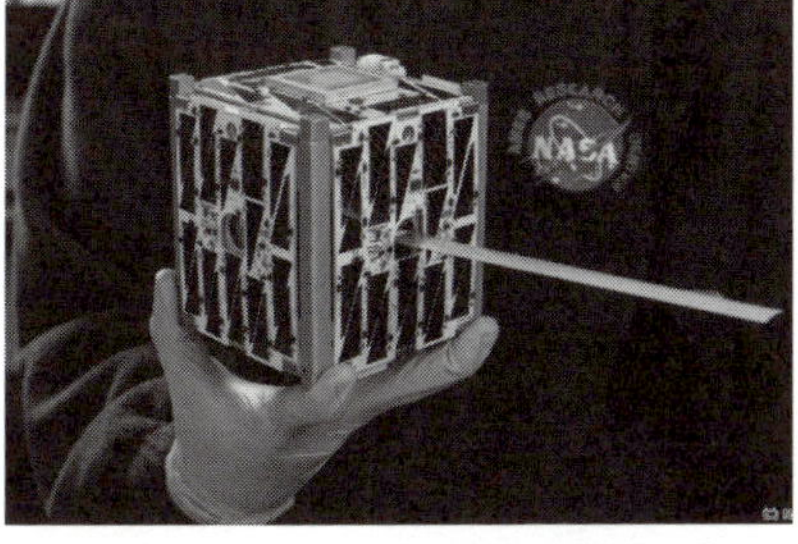

超小型衛星のうち、10cm四方の衛星は「1U」というサイズで呼ばれ、衛星のサイズの規格として広く使われている

いろいろな質量の衛星

衛星分類	質量	特徴
大型衛星	1000 kg以上	多目的で高性能のミッション
中型衛星	500～1000 kg	高出力で比較的大きな電力を消費
小型衛星	50～500 kg	特定のミッションに特化
超小型衛星	1～50 kg	高性能ではないが実証や教育を目的

46 民間企業のロケット打上げへの挑戦

小型ロケットがリードする時代

宇宙ビジネスには新しい種類のものが多いのですが、実行するにはどうしても宇宙へ物資を輸送する必要があります。だからロケットは宇宙ビジネスに必須のインフラです。でも、他の宇宙ビジネスに比べて、ロケットの開発・打上げにかかわる仕事は難しいし、地上輸送に比べて桁違いにお金がかかることは明らかです。そのためかつてはロケット打上げ市場のプレイヤーは国や政府機関だけでした。

しかしスペースシャトルの時代を経た米国が、地球周辺軌道への宇宙輸送を民間に委託する戦略を打ち出して以降、新興企業が次々とロケット打上げに参画し始め、二〇二〇年代の今、大型ロケットでは、スペースX社のファルコン・ロケットのシリーズが世界最高のコスト競争力を有するに至っています。

ただし、半導体技術の進歩により、小型の衛星が多様な仕事をこなせるようになってきました。超小型衛星の市場がかつてない盛り上がりを見せ、小型の衛星打上げロケットが打上げ市場全体の成長を牽引する見通しになっています。現在この分野をリードしているのは、ニュージーランドの射場を打上げ拠点にして、エレクトロン・ロケットを発射しているアメリカのベンチャー企業「ロケットラボ」です。

わが国に目を転じると、二〇二〇年代半ばからの一〇年間で日本が宇宙へ送る人工衛星は、官民合わせて三〇〇機以上と推算されており、H3、イプシロンだけによる体制では、この需要を満たすことは不可能です。日本政府は、国内の需要は基本的に国産のロケットで打ち上げたいと考え、民間のロケット開発支援事業を二〇二三年から開始しました。

この支援事業は、現存の国内ベンチャーから、二〇二七年度までに二〇〇〜三〇〇キログラムの衛星を打ち上げる能力のあるロケットを完成させる企業を育てることを目標にしており、数社が名乗りを上げています。

要点BOX

- 多額の費用がかかるロケットの開発・打上げ
- 日本政府が国内ベンチャー企業によるロケット開発を支援

国別の年間打上げ回数の推移(2010年〜2022年)

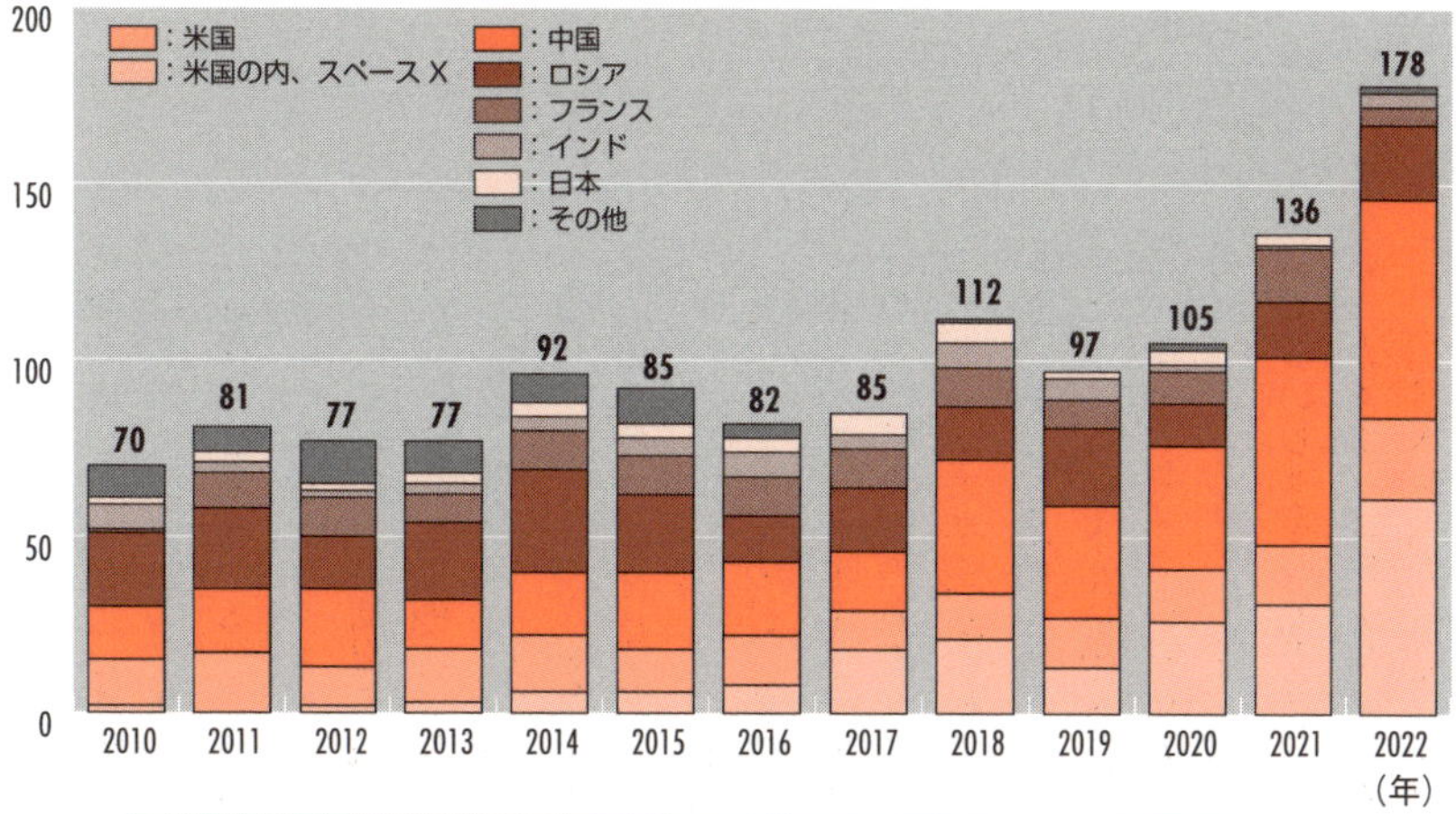

大型ロケットの地球低軌道への打上げ価格(単位質量あたり)の推移

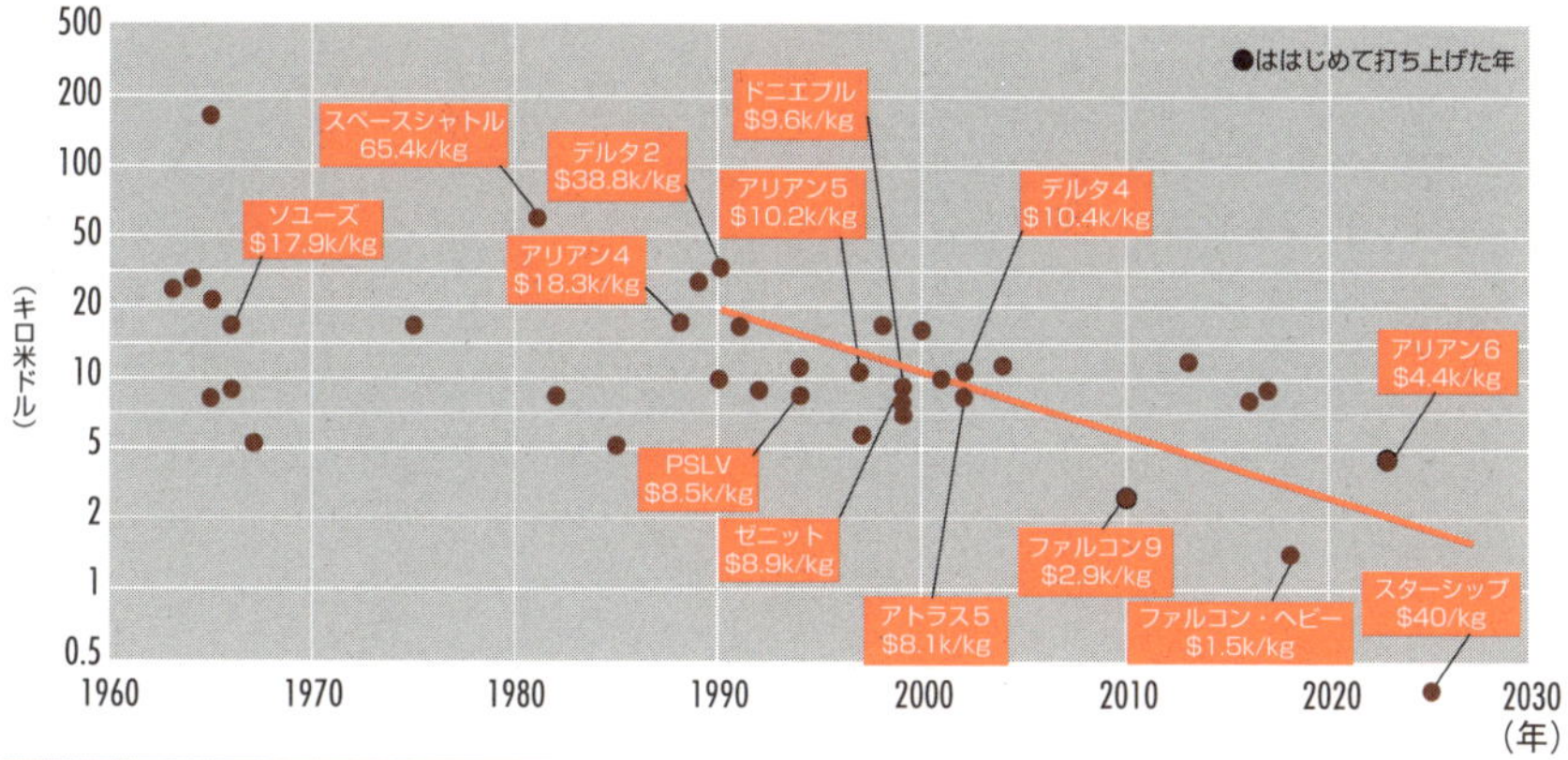

衛星重量別のロケット打上げ数の推移

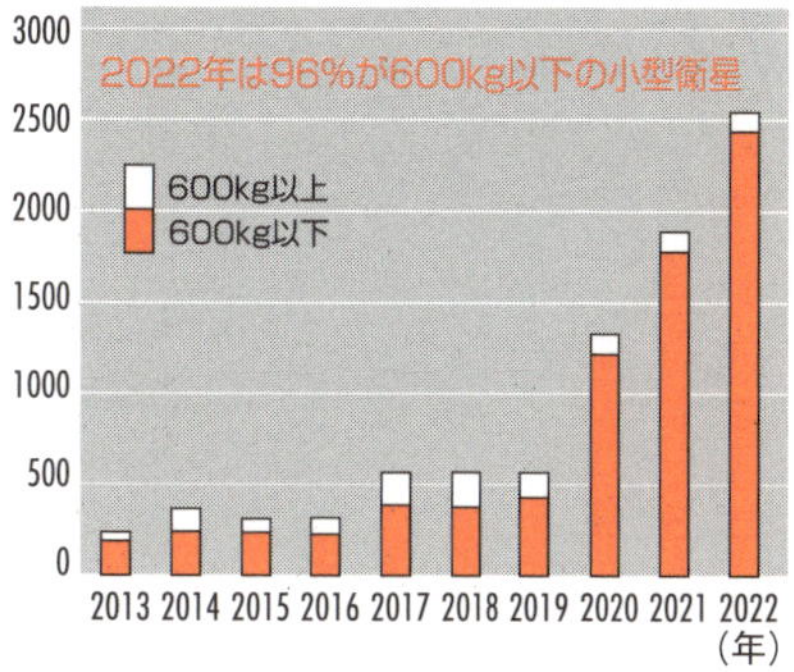

ロケット打上げに取り組む主なスタートアップ

国	企業名	ロケット
日本	スペースワン	カイロス
	インターステラテクノロジズ	ゼロ
アメリカ	ロケットラブ	エレクトロン
	レラティビティ・スペース	テラン
	ファイアフライ	アルファ
イギリス	スカイローラ	スカイローラXL
ドイツ	ハイインパルス	SL1
中国	ギャラクティックエナジー	セレス1
	オリエンスペース	グラビティ1

Column

性能計算書

リングに上るボクシングの選手のように、打上げを前にした科学衛星は発射場に着いてから最後の計量をする。できるだけ新しい重量データを使いたいから、ロケットと衛星の軌道計算(性能計算書)は他のシステムの『実験計画書』から一足遅れて独立の小冊子として編集される。

日本最初の衛星の打上げ(L-4S-1ロケット)を控えた一九六六年の夏の日、駒場の糸川研究室で、綴じあがったばかりの性能計算書の表紙を軽く叩きながら、大学院生の松尾が、後輩の的川、上杉、佐伯に語りかけた。「タイトルはSatelliteでいいな」。ちょっと間をおいて的川、「どうですかね。Hatelliteぐらいいじゃないですかね」。

かくて、松尾の高笑いとともに、日本最初の性能計算書は、Hatelliteと命名された。その後今日のイプシロンまで絶えることなく続いている性能計算書は、不思議なタイトルばかり。七番目の衛星打上げには「Seventh Star」。タバコの写真が使われた。早朝の打上げには「Early Times」。アメリカのバーボン。空前の盛り上がりを見せたハレー探査機は、ハレー彗星の核に近いところをめざす意味で、広島・三原の銘酒「酔心」からの翻案で性能計算書は「彗心」。本物の「酔心」のラベルが貼られ、「酔」を「彗」にひげ文字で書き換えた。酒ラベルシリーズの勢いは留まる所をしらず、以降のロケットにつづく。そして、「はやぶさ」の出番となった。

「太陽系の化石」とも言われる小惑星は、私たちのルーツを探るための絶好の素材と言われる。そのためには高い技術が必要とされる。そのような技術を習得するためのミッションは、まさに「虎穴に入って虎子を得る」挑戦となった。たまたま見ていた日本酒のリストに佐賀県嬉野温泉の清酒「虎の児」を発見した。天の配剤であった。醸造元の社長さんからは、たくさんの「虎の児」を送っていただいた。

柔らかな心を失わない技術者たち。表紙のラベルから、チームの笑顔が見えてくる。日本の未来が見えてくる。

第8章

惑星への旅

ロケットによって運ばれて行く先は、地球周回軌道の場合もありますが、地球の重力を超えて遠く惑星間空間の場合もあります。人類が、地球の外へ探査機を運ぶための努力を紹介しておきましょう。なお「衛星」とは地球の周りを回るものをいい、「探査機」とは地球を脱出して遠く火星や金星にまで到達するものを含む言葉です。

47 人工衛星と惑星探査機の違い

地球の重力圏を脱出して探査する

地球の重力圏を脱出して太陽系や太陽系の外を探査する、人間が作った星を宇宙探査機（あるいは単に探査機）と呼ぶことにします。

宇宙探査機には大きく分けて、単に惑星のそばを通り過ぎる太陽周回型（パイオニア6号、すいせい等）、惑星の周りを回る惑星周回型（ガリレオ、カッシニ、あかつき等）、惑星に軟着陸する惑星着陸型（バイキング、キュリオシティ等）、太陽系を飛び出していく太陽系脱出型（ボイジャー、ニューホライズンズ）、それに「はやぶさ」が成し遂げたような、惑星等に行って帰って来る地球帰還型（スターダスト、はやぶさ等）の五種類があります。その他に惑星を周回する衛星（火星の衛星フォボスや木星の衛星エウロパなど）をめぐったり着陸したりする探査機も考えられますが、これは基本的には惑星周回型や惑星着陸型と同種と考えていいでしょう。

宇宙探査機は地球の重力圏を離れ地球から遠い所を飛びます。地球軌道の外側の火星や木星等を探査したり、太陽系の外を探査したりする場合には、太陽からの距離が人工衛星に比べて遠くなり、太陽光エネルギーはどんどん小さくなります。

普通の人工衛星は太陽電池を使って発電し電力を得ていますが、この太陽電池が使えるのはせいぜい火星までです。それより遠くへ行く場合には原子力エネルギー等、別のエネルギー源が必要となります。逆に、水星や金星などをめざし太陽に近づく探査機では、高熱対策が必要です。

もう一つの大きな違いは、地上との通信のための通信機やアンテナです。地球との距離が遠くなると、探査機に届く電波や探査機から地上に送られてくる電波がどんどん弱くなってきます。したがって人工衛星に比べて探査機のアンテナを大きくしたり、通信機のパワーを大きくしたり、地上のアンテナを巨大なものにしたりする必要があります。

要点BOX
- ●火星より遠くは太陽電池の他にエネルギー源が必要、水星や金星の探査は高熱対策
- ●アンテナを大きく、通信機のパワーを強くする

宇宙探査機の種類

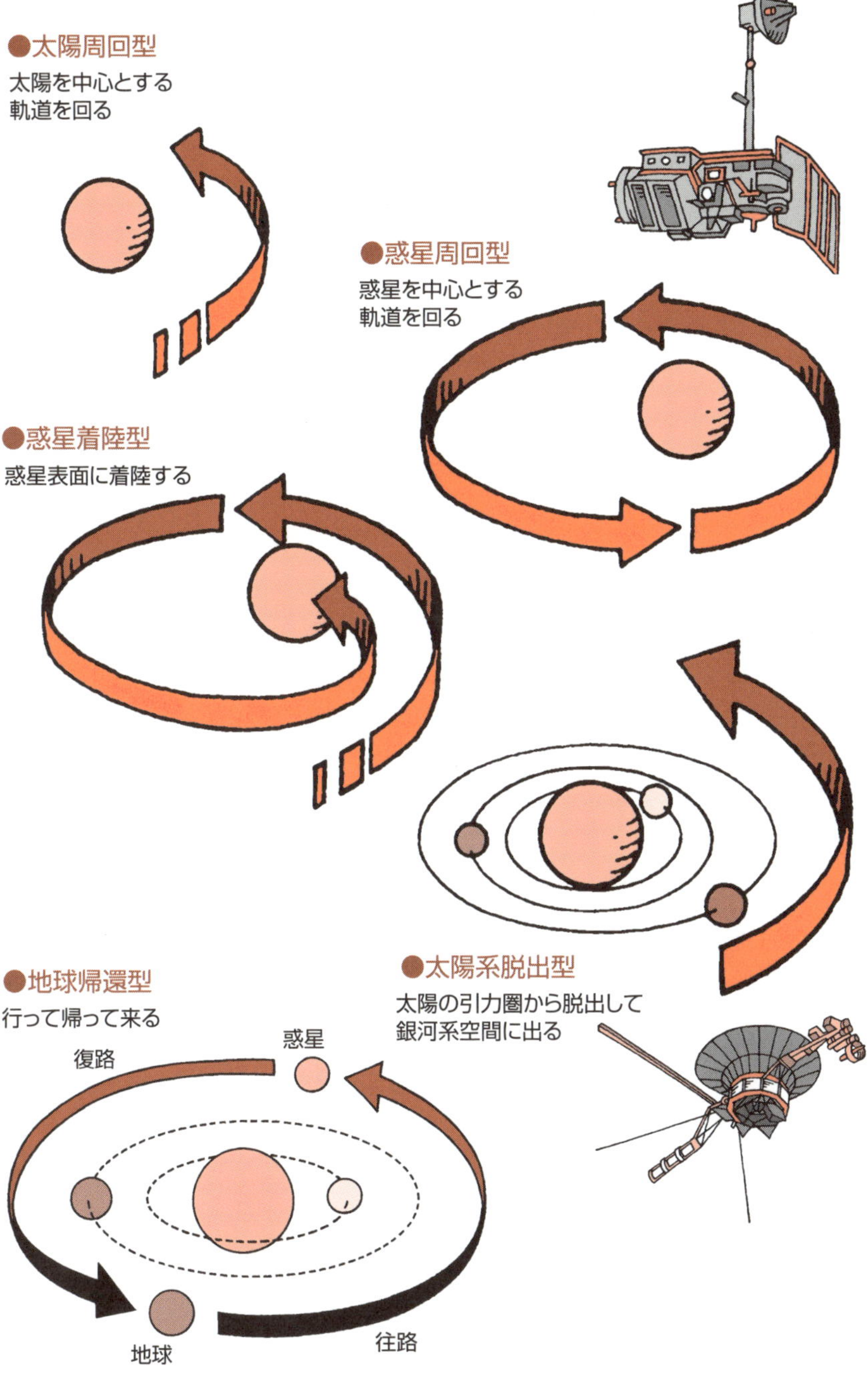
●太陽周回型
太陽を中心とする
軌道を回る
●惑星周回型
惑星を中心とする
軌道を回る
●惑星着陸型
惑星表面に着陸する
●太陽系脱出型
太陽の引力圏から脱出して
銀河系空間に出る
●地球帰還型
行って帰って来る
惑星
復路
地球
往路

48 ホーマン軌道と会合周期

最も燃料消費を小さくする

探査機を惑星軌道に乗せたり惑星に着陸させたりするには、目標の惑星に到達した時、通り過ぎないように加速したり減速したりして、惑星の軌道上での速度（公転速度という）に合わせる必要があります。このような加速や減速には燃料を使います。

この出発と到着の際の燃料の消費を最も小さくするのがホーマン軌道と呼ばれる軌道です。たとえば火星に行く場合は、探査機の軌道の遠日点（軌道で太陽から最も遠い点）で火星と出会うように打ち出し、遠日点で探査機を加速して火星の速度と同じくらいにしてやります。このような打上げを行うと、地球軌道を脱出する時の燃料と火星到達時に加速するための燃料の合計が最も小さくなります。

探査機を軌道に乗せるためには、ホーマン軌道やスウィングバイ技術（51参照）を使ったりして、ロケットの燃料を節約して、探査機に乗せる観測装置などをできるだけ多くするように工夫がされています。もちろん探査機自身もできるだけ軽く、小さくなるように設計されています。

たとえば地球から火星に飛行する場合、探査機の軌道は、地球（出発時）と火星（到達時）を必ず通るものでなくてはなりません。地球も火星もそれぞれの運行暦に従って運動していますから、いつでも打上げの条件が充たされるわけではありません。

せっかくロケットをうまく打ち上げて火星の軌道まで到達しても、そこに火星がいなければ打ち上げた意味がありません。このような最適の打上げチャンスは、ホーマン軌道を利用する場合、各惑星に対し表のような周期でしかめぐって来ません。これが「会合周期」です。たとえば地球と火星の会合周期は二・一年なので、火星への打上げチャンスは約二年おきにしかやって来ないのです。他の惑星に旅立つ時に必要な打上げエネルギーを出発日に対して概念的に描くと、次ページに示したような図になります。

要点BOX
- ●ホーマン軌道にすると、燃料の消費を最も小さくできる
- ●会合周期で打上げのタイミングが決まる

地球から火星と金星へ行くホーマン軌道

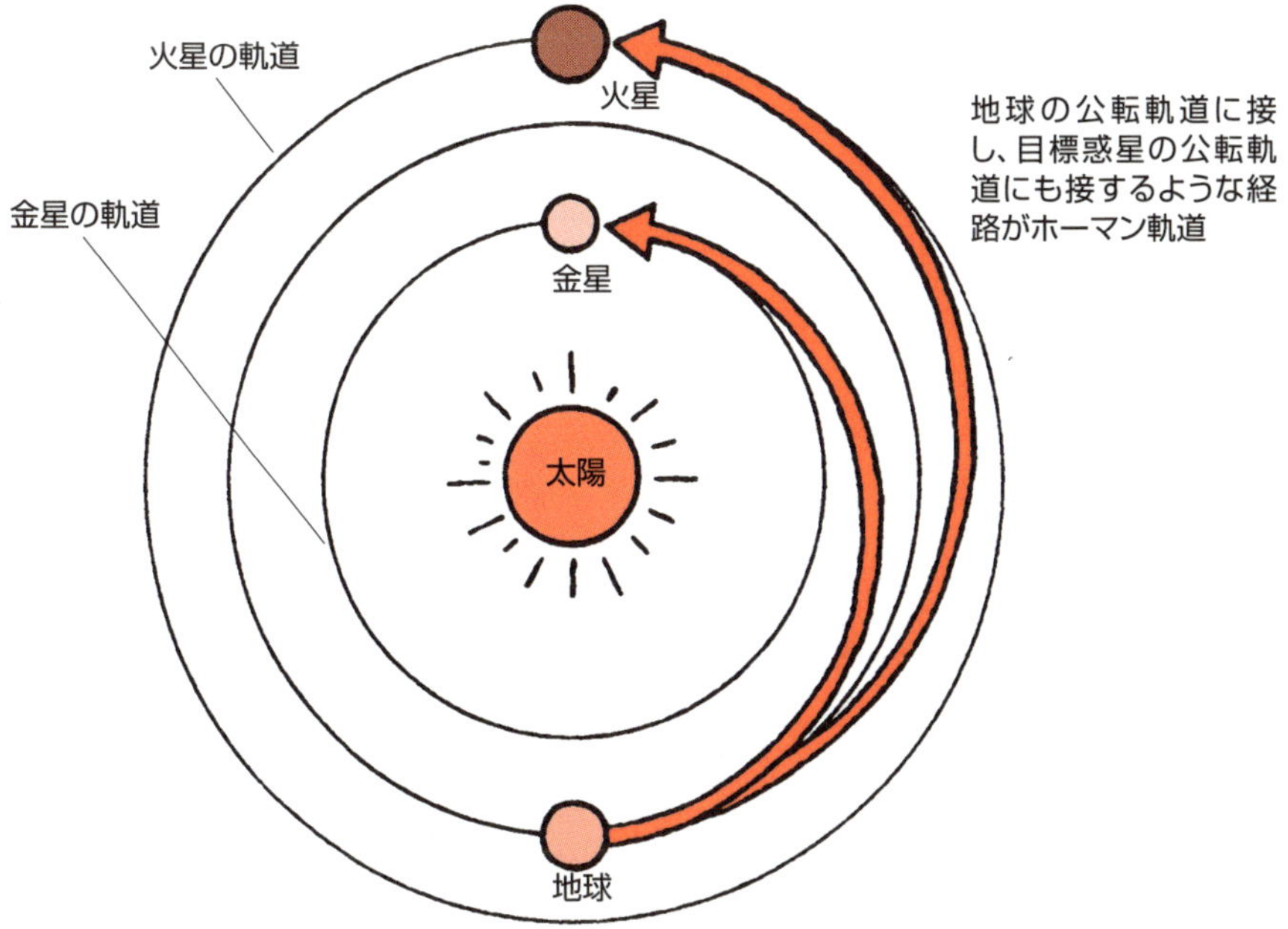

地球から行く場合の会合周期

惑　星	水星	金星	火星	木星	土星	天王星	海王星	冥王星
会合周期(日)	116	584	780	399	378	370	368	367

打上げ日と打上げエネルギー

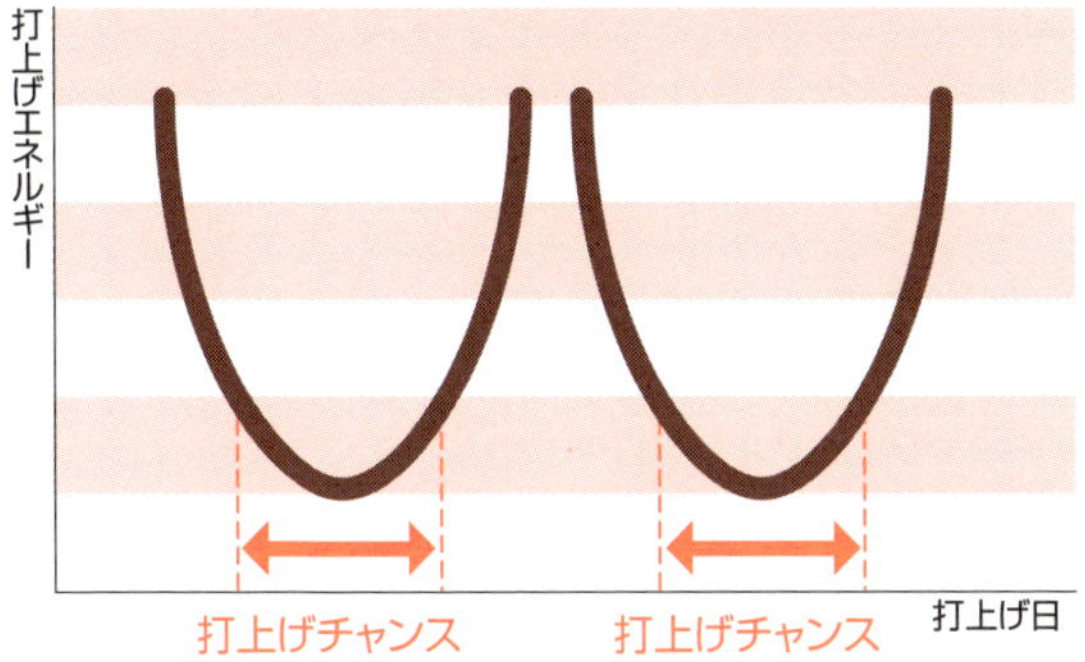

49 惑星探査機の打上げと地球脱出

秒速一一・二キロメートルを超える

人工衛星を軌道に乗せるには秒速七・九キロメートル(第一宇宙速度)以上の打出し速度が必要です。この打出し速度を増加させていくと、軌道はどんどん長い楕円形になり、秒速一一・二キロメートルを超えると、重力の影響を振り切って地球に戻ってこなくなります。この速度を第二宇宙速度と言います。

さらにスピードを上げ秒速一六・七キロメートルに達すると、太陽系の外へ飛び出します。この速度を第三宇宙速度と言います。これらの速度は地球の表面から直接打ち上げる時の速度です。

探査機を軌道に乗せる時に必要な打出し速度は、その時の高度により異なり、高い高度から打ち上げる時はより少ない打出し速度でよくなります。

惑星探査機は地球を脱出すると、目的の惑星に向かう軌道にのります。探査機の軌道は厳密には地球、太陽、火星、木星等の重力の影響を受けます。しかし、たとえば探査機が地球の近くにいる時は、他の星の重力の影響に比べて地球の重力の影響が断然大きいため、他の星の重力の影響を考えなくても大体の軌道は計算できます。

そして地球の重力の影響が小さくなってくると、今度は太陽の重力の影響が大きくなってきます。この辺では太陽の重力の影響だけを考慮します。

そして今度はたとえば探査機が火星の近くまで来たら火星の重力の影響だけを考えます。

このように探査機の近くの惑星の重力の影響だけを考えて、軌道を連結していけば目的の星までの軌道が比較的簡単に計算できるのです。この簡略化した計算方法を「円錐曲線接続法」と呼んでいます。

上に述べた、その惑星の重力が他の天体を圧倒して及ぶ範囲をその惑星の「影響圏」と呼びます。たとえば地球の重力の影響圏は約九二万五〇〇〇キロメートルです。「地球の重力圏を脱出する」というのは、およそこの距離を超えることをいいます。

要点BOX
- ●第2宇宙速度を超えると地球の重力圏を脱出
- ●脱出に必要な打出し速度は高度により異なる
- ●近くの惑星の重力の影響だけ考えて軌道計算

打出し速度と軌道

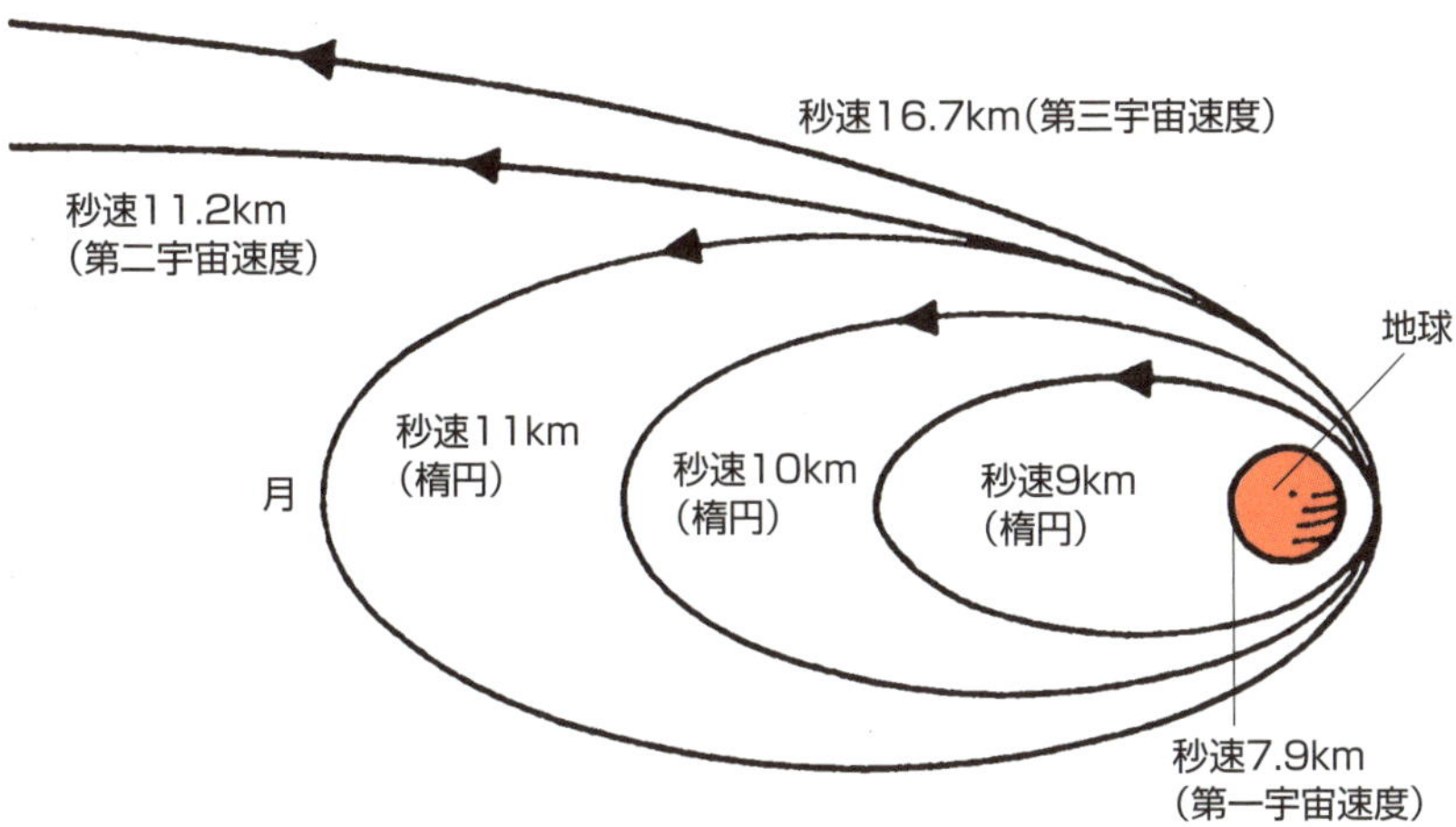

打出し高度と探査機の速度

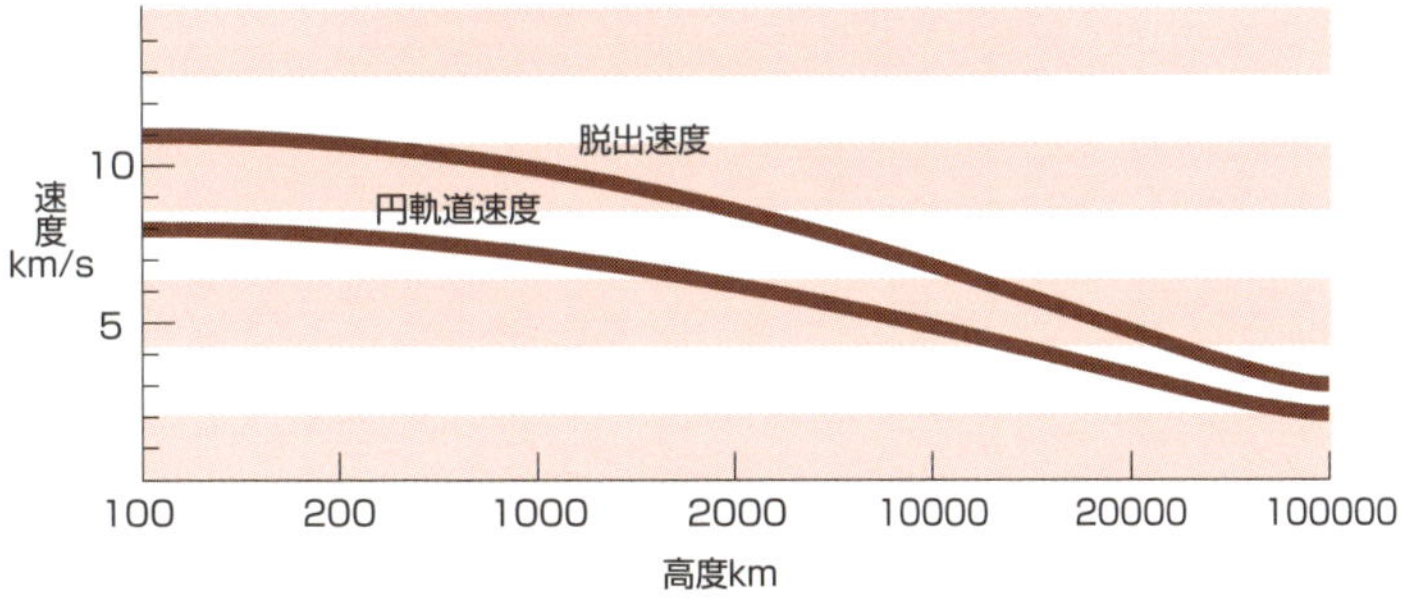

惑星までの軌道

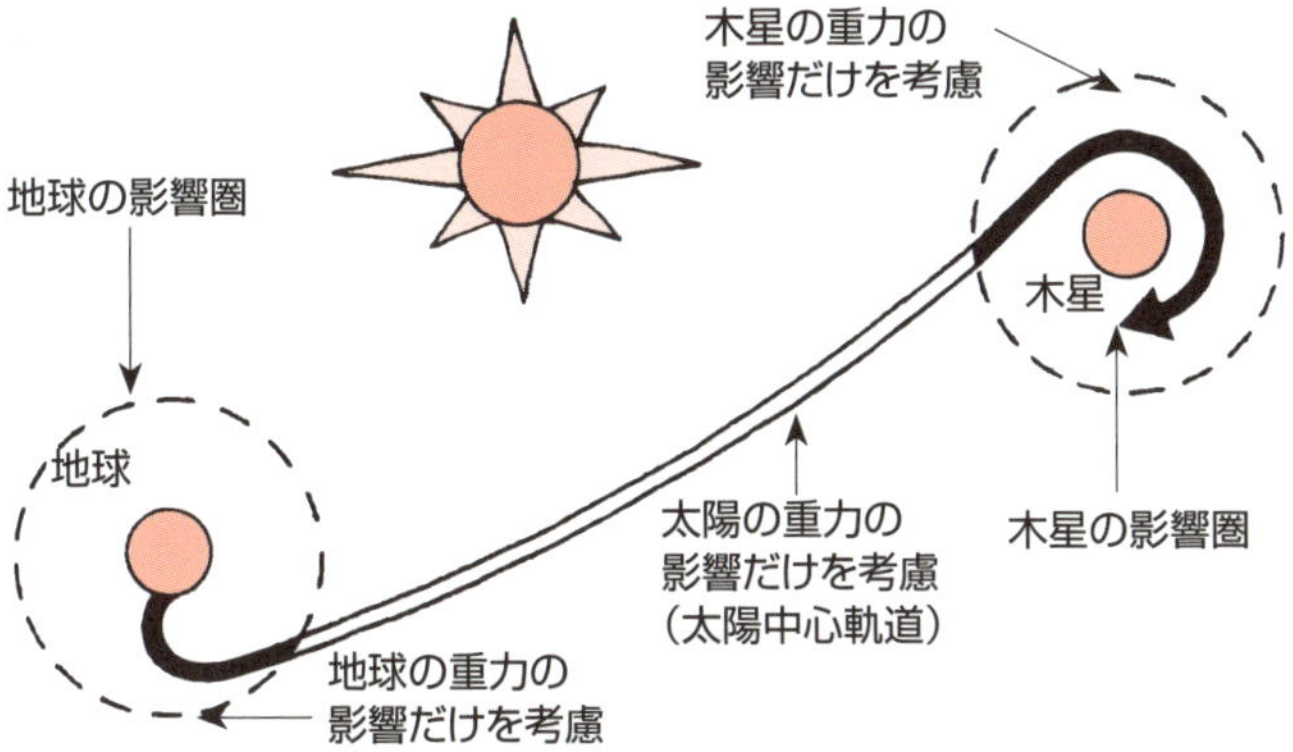

50 地球脱出のやり方

第二宇宙速度に余裕を残す

地球から他の惑星には、どのようにして飛んでいくのでしょうか。まず地球から離れるには、地球の引力を振り切れる速度で打ち上げる必要があります。

ここで第二宇宙速度と呼ばれる、地球の引力を脱出できる最小速度で打ち上げられた惑星探査機を考えてみましょう。この探査機はやがて地球の影響圏の境界まで行きますが、それ以上はどこへも行けません。つまり太陽の人工惑星となり、地球といっしょに、地球の公転軌道を回ることになります。

そこで、惑星間探査機は、第二宇宙速度を超える速度で打ち出し、影響圏の端では秒速数キロメートルの余剰速度を残すようにします。すると探査機は、余剰速度と地球の公転速度を加え合わせた速度で太陽中心軌道に入ります。

このホーマン軌道と呼ばれる軌道に近いコースを通って、惑星まで飛んでいきます。ホーマン軌道は、ほぼ円形の地球公転軌道から、やはりほぼ円形の惑星公転軌道へ移るコースのうちで、最も少ないエネルギーで移れるコースです。

ホーマン軌道で地球から内側の惑星(水星や金星などの内惑星)に行く時は、その探査機の軌道速度を、地球の公転速度より遅い速度に決めます。すると地球脱出地点が遠地点になる楕円軌道を描いて内側の惑星の公転軌道に向かっていきます。地球から外側の惑星(木星や土星などの外惑星)に行く時は、探査機の公転速度は、地球の公転速度より速くなるように決めます。つまり外惑星に行く時は、地球の進行方向に向けて脱出させ、内惑星に行く時は、地球の進行方向とは逆向きに脱出させるわけです。

もし地上から打ち上げた惑星探査機を、いったんパーキング軌道を経由しないで直接地球脱出させようとすると、内惑星に行く時の発射時刻は明け方、外惑星に行く時は夕方になってしまうのですが、お分かりでしょうか。

要点BOX

- ●地球の影響圏の端で余剰速度を残す
- ●内惑星へは地球の公転より遅い速度で
- ●外惑星へは地球の公転より速い速度で

影響圏と余剰速度

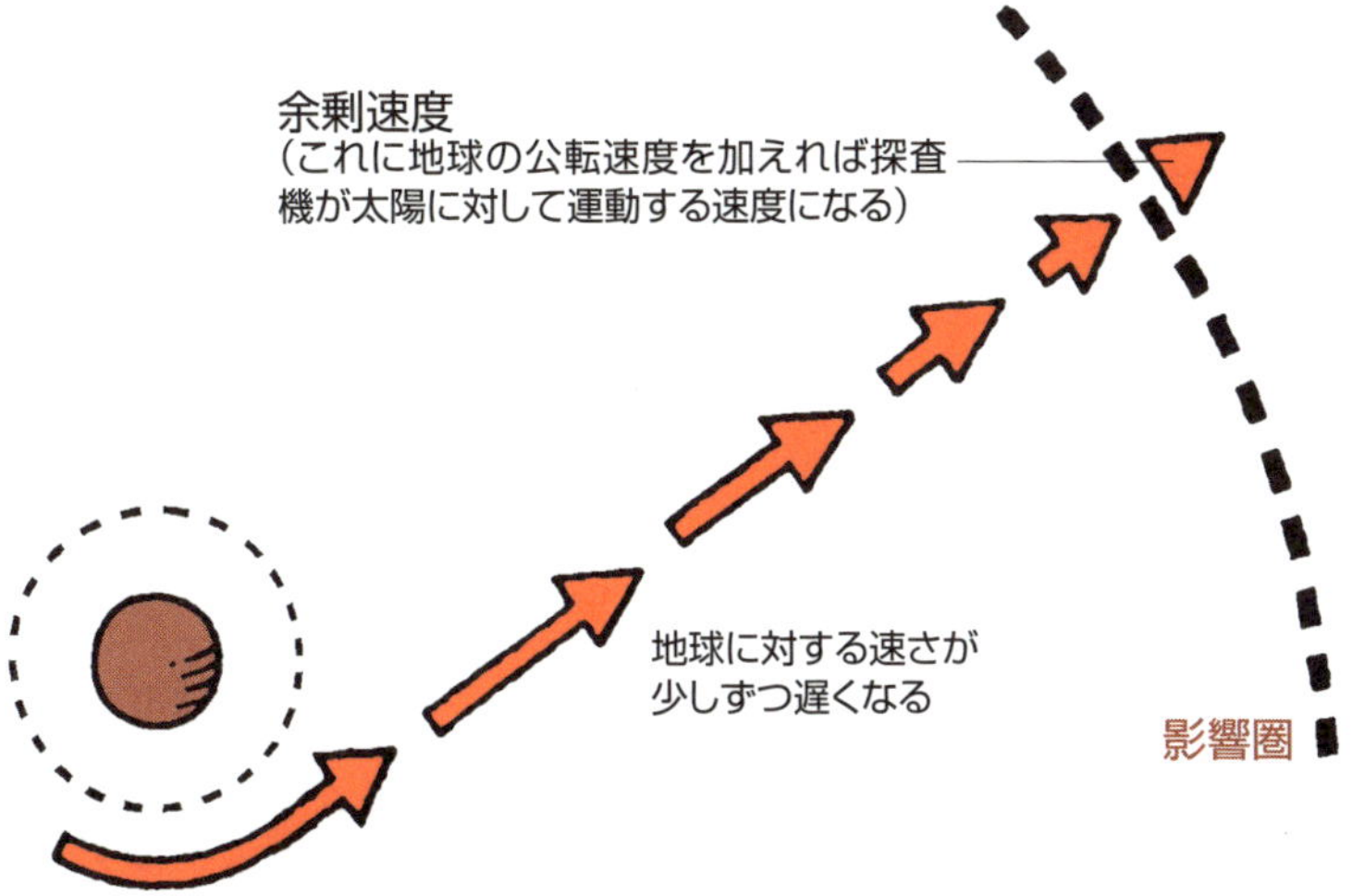

外惑星へ

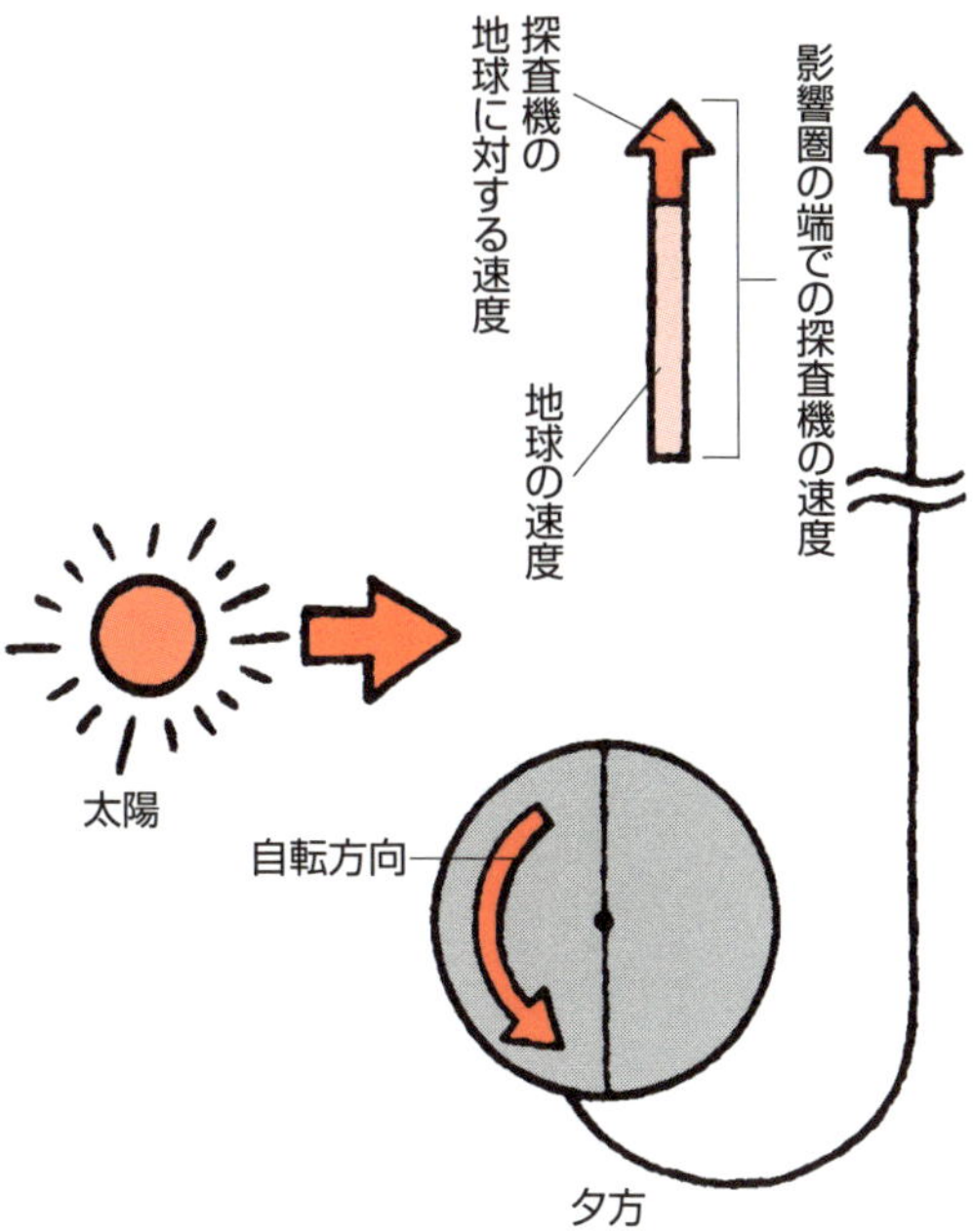

内惑星へ

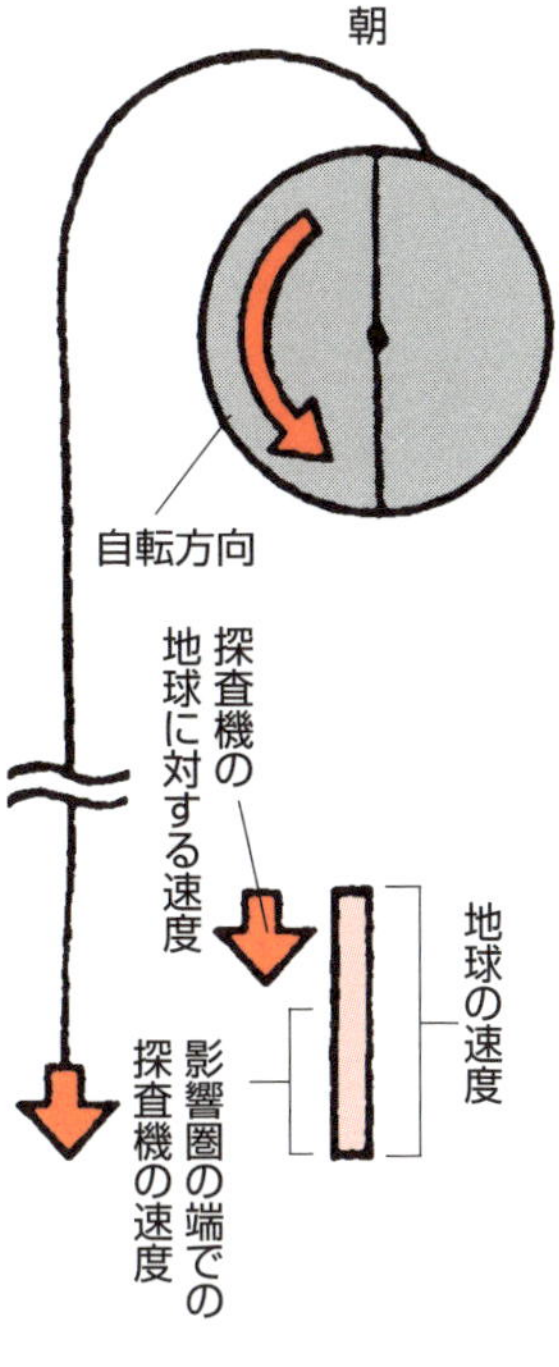

51 省エネルギーの航法スウィングバイ

惑星の引力を利用

惑星間飛行をしている探査機を途中で出会う惑星に近づけて、その惑星の引力によって軌道を変化させる方法を「スウィングバイ」と呼んでいます。

大きなロケット・エンジンを持っていなくても軌道を変えることができるので、スウィングバイは素敵な「省エネルギー」の航法です。

木星の近くを通すスウィングバイの秘密をのぞいてみましょう。太陽中心の軌道から木星の影響圏に進入すると、探査機は木星中心の軌道に入ります。双曲線軌道を描きながらどんどん速度を上げ、木星に最も近づく点（近木点）で最高速度に達し、もしブレーキをかけなければ、それまでと対称な軌道を通ってふたたび影響圏の外へ脱出します。

木星の強力な重力を中心とする双曲線軌道をたどるので、再び脱出した時は進入時と大きく方向が変わっていますが、実はスピードの大きさは全く変わりません。これでは、木星のそばを通った結果、方向は変わっていますが、特にスピードが増加するという効果はないように見えます。ただし、よく考えてみると、実は、変化しないのは木星に対するスピードであって、太陽から見た場合は変化しているのです。

木星の影響圏を外から、つまり太陽から見ると、木星は秒速一三キロメートルで飛んでいるので、その時、木星の近くで飛んでいる探査機の（太陽から見た）速さは、その探査機の木星に対する速さに、木星自身の速さを加えたものになります。

こうして、木星の影響圏に入ってきた探査機のスピード（進入速度と脱出速度）を、太陽から見たスピードに換算すると、進入時に比べて脱出時のスピードはだいぶ大きくなっています。

この事件を太陽から見ていると、木星の影響圏を通過しただけで、探査機はグイッと方向を変え、なおかつグンとスピードアップも行っているわけです。

要点BOX
- ●惑星の引力で軌道を変化させる省エネ航法
- ●惑星に対するスピードは変わらないが、太陽から見ると惑星の速度が足されてスピードアップ

スウィングバイの原理

1977年に打ち上げられた探査機ボイジャー2号は、このスウィングバイを利用して、木星から土星、天王星、海王星へと次々にたくみな旅をしたのでした

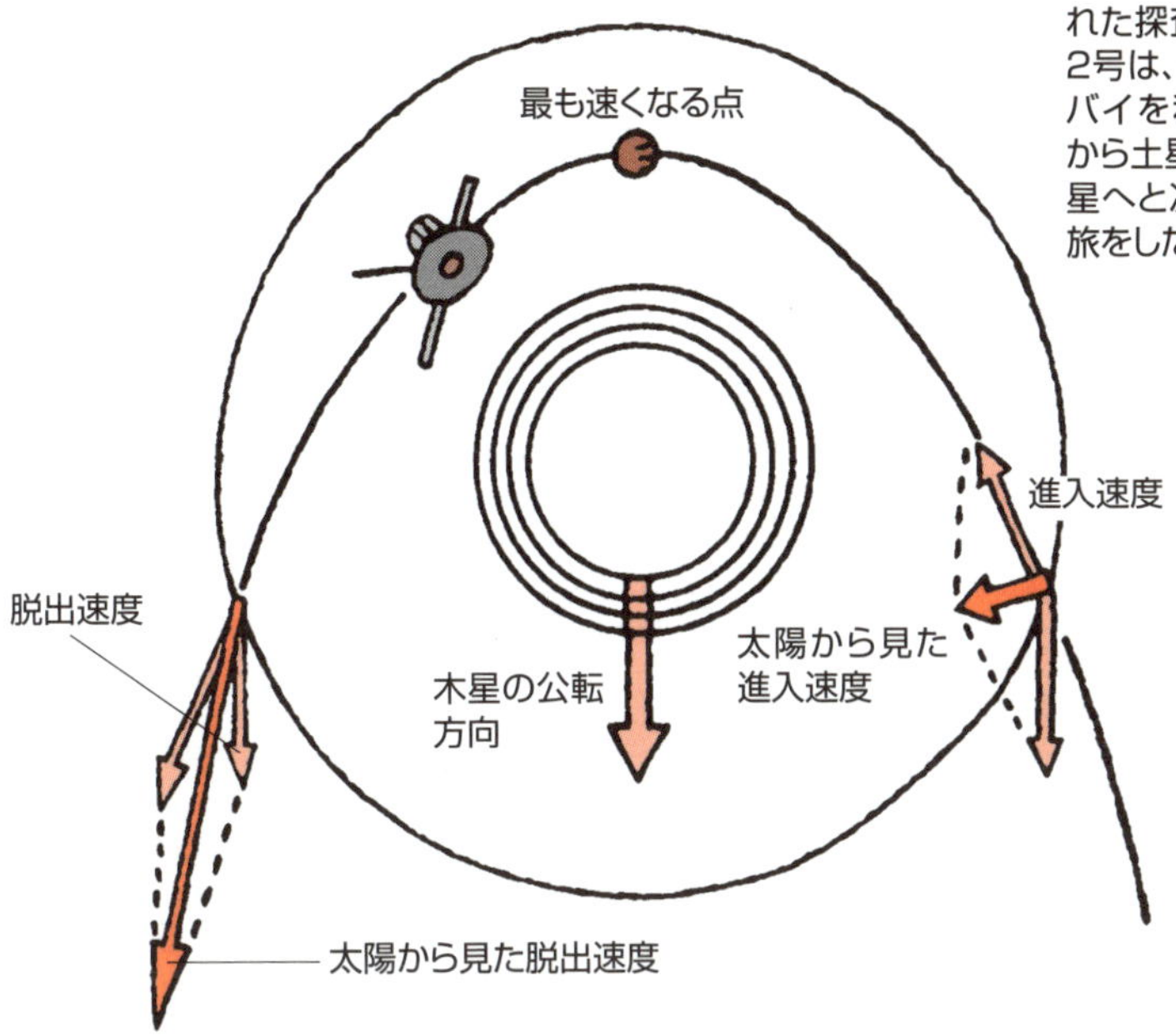

「ボイジャー2号」の軌跡

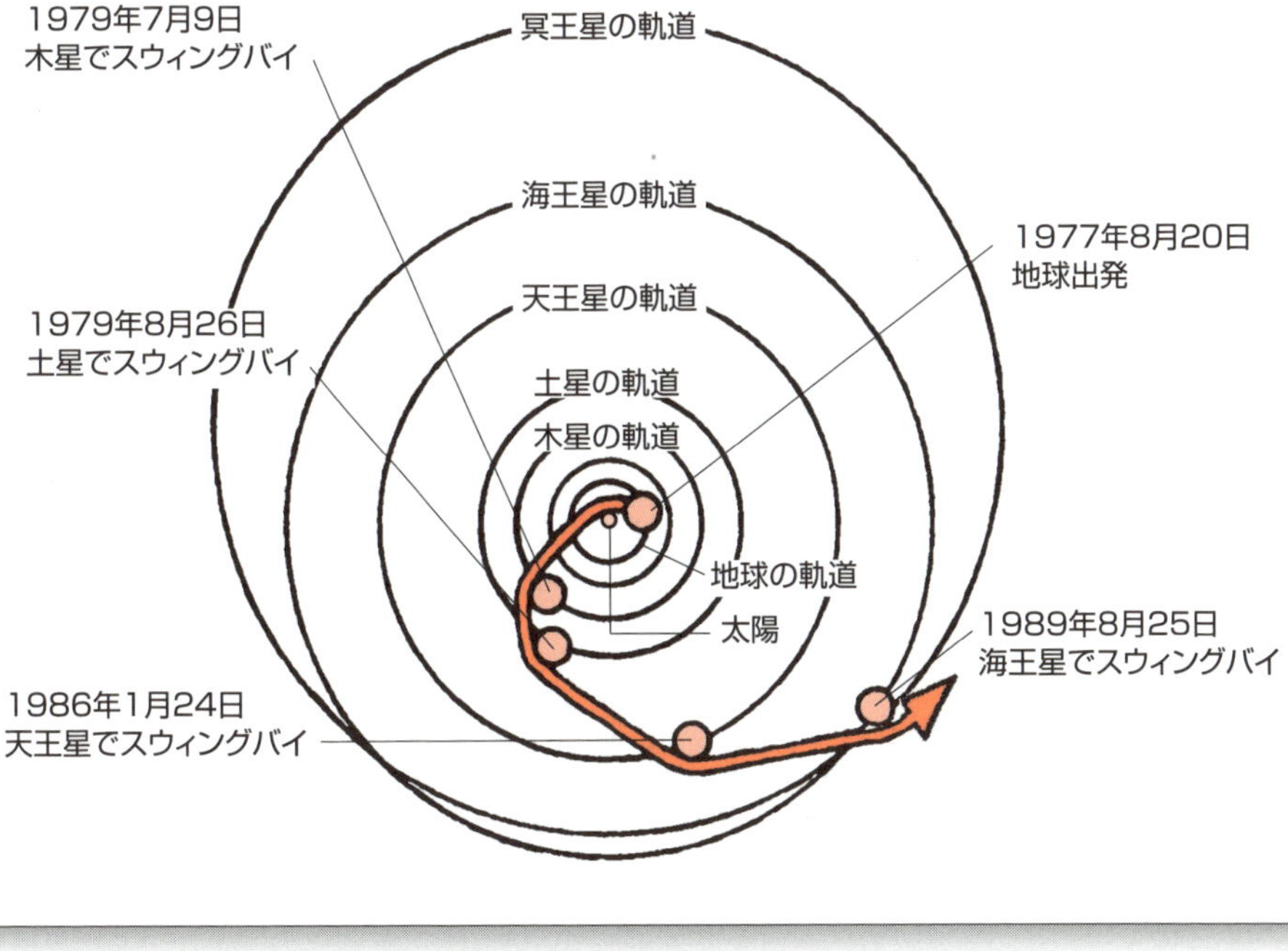

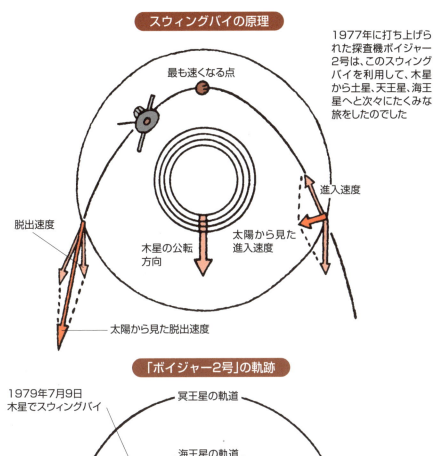

52 軟着陸とピンポイント着陸

降りたい所に降りる時代へ

月や惑星に探査機や宇宙船を着陸させる時、壊れないようにゆっくり降りなければいけません。着陸する天体に大気がない場合は、ロケットエンジンを逆噴射してブレーキをかけ、減速しながら着陸します。火星のように大気があれば、大気抵抗によってブレーキをかけながら軌道高度を落としていき、最終段階ではパラシュートを開いて速度を落とし、着陸寸前にエンジンを逆噴射すればいいですね。

ただし、このような軟着陸の方法だけでは、狙った所にピタリと降りることは難しく、これまでの月や惑星への着陸は、数キロメートル四方の着陸候補地を選んで、現地での観測に基づいて「降りやすい」場所を見つけて着地するという方法がとられてきました。

日本の月探査機「スリム」は、二〇二四年に月面に降り立った際、着陸誤差を劇的に縮め、目標地点にほとんどピタリと「ピンポイント着陸」することに世界ではじめて成功しました。それは、あらかじめ着陸地域の地形を綿密に調査して地形データを搭載コンピュータに記憶させ、着陸の際にはカメラでとらえているリアルタイムの映像を、内蔵の地形データと画像照合しながら目標地点に正確に降りる手法を使った画期的な着陸でした。

この「画像照合航法」は、すでに「はやぶさ2」が「三億キロメートルの彼方で目標の一メートル以内に着陸」という快挙を成し遂げた際の方法をさらに洗練させて、重力の大きな月で実現したものです。

今後は火星などのさらに大きい重力の天体にも適用されるようになることでしょう。世界の宇宙探査における他天体への軟着陸は、日本のスリムのピンポイント着陸によって、「降りやすい地点に降りる時代」から「降りたい地点に降りる時代」に突入したのです。

要点BOX

- ●画像照合航法で狙った位置にピタリと着陸
- ●日本の月探査機「スリム」がピンポイント着陸に成功

軟着陸

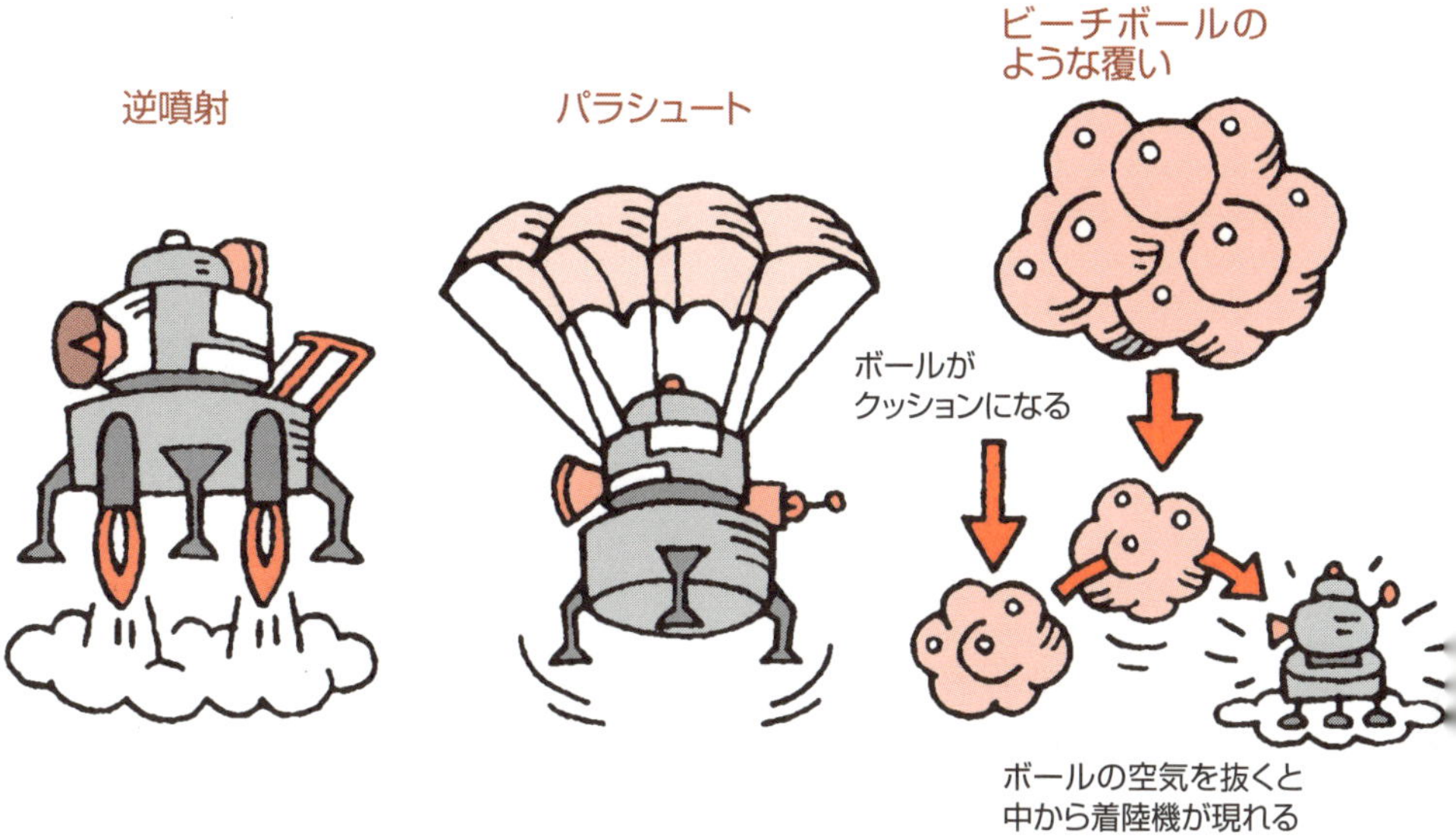
逆噴射
パラシュート
ビーチボールのような覆い
ボールがクッションになる
ボールの空気を抜くと中から着陸機が現れる

「スリム」が実行した画像照合航法

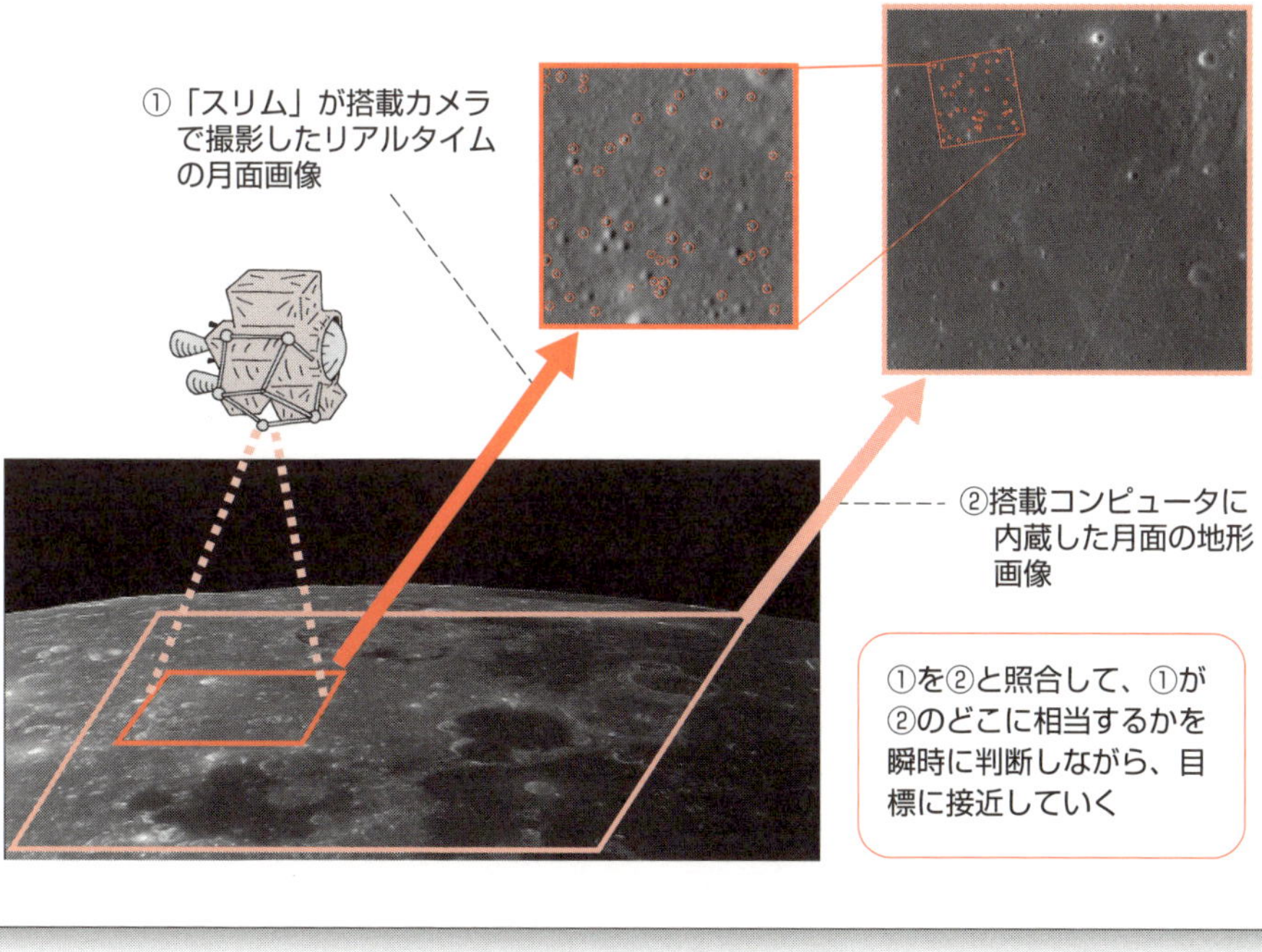
①「スリム」が搭載カメラで撮影したリアルタイムの月面画像
②搭載コンピュータに内蔵した月面の地形画像
①を②と照合して、①が②のどこに相当するかを瞬時に判断しながら、目標に接近していく

Column

「はやぶさ」の陰に糖尿あり

小惑星探査機「はやぶさ」の地球出発が二〇〇三年五月という電話を受けた時、「これは無理だな」との予感がした。

　五月から六月にかけてはマグロの豊漁期である。打ち上げるロケットの下段は必ず海に落ちる。「はやぶさ」を打ち上げるM・Vロケットを鹿児島・内之浦の発射場から打ち上げると、回遊魚の群がる海域がロケットの落下予想区域と重なっている。

　ロケット打上げにあたって漁業関係者と交渉・調整をすることは、それまで内之浦の所長を七年以上務めてきた私の仕事の一部であった。その水域にマグロ漁船をたくさん派遣しているのは、宮崎・鹿児島・高知・愛媛・大分の五県。それぞれの県漁連の会長さんの厳しい貌を思い浮かべて溜息をついた。

　文部科学省のお役人さんを代表とする各県漁連との本交渉で、いきなりこの問題をぶつけると、暗礁に乗り上げることは必定。私は秘かに五県を訪問した。説明・お願い→懇親会の酒→カラオケ——お決まりのコースを几帳面に五つの県で終え、二週間後に帰京。その一四日間は、思い出すのもイヤになるハードな闘いだった。

　帰京して周囲から「顔色が悪い」と言われ、駆け込んだ北里病院で、金森晃先生から「糖尿病です。A1Cが13。あなた死ぬよ」と宣言された。幸いベッドがあいてなかったので、他の病院のベッドを探すという金森先生に懇願して、入院を免除してもらったものの、向こう一年間の禁酒厳守を確約させられた。何とかそれを守って、A1C＝7あたりまでは落ちたが、それから一五年、糖尿病との闘いはめでたく継続しており、今では開業医となられた金森先生のところへは月一回通っている。だから——「はやぶさ」の陰に糖尿あり。

第9章

宇宙往還の時代

1981年にスペースシャトル「コロンビア」が発進し、宇宙へ行って帰ってくるタイプの輸送機がデビューした時、人類は新しいコンセプトの乗り物を手に入れたのです。今はそれを超える完全再使用の宇宙往還機を開発する時代に入っています。まずは現在の宇宙往還の現状をのぞいてみましょう。

53 スペースシャトルによる往還とソユーズ型の地球帰還

帰還には垂直型と水平型

人間が宇宙へ行って帰って来るという「宇宙往還の時代」の先頭を切ったのは、「スペースシャトル」です。初飛行は一九八一年四月一二日。スペースシャトルは、有翼のオービター、固体ロケットブースター、外部燃料タンクの三つからなり、最大七人の宇宙飛行士が搭乗できました。打ち上げると約四〇分後に所定の地球周回軌道に入ります。仕事を終えると、オービターは飛行士たちを乗せて地球に帰還します。通常は大気圏に突入して四〇分後にケネディ宇宙センターに着陸します。大気圏突入後のオービターは、グライダーのように滑空して降下し、着陸直前にはパラシュートを開いて減速しながら停止します。

スペースシャトルは、地表から二五〇〜六〇〇キロメートルの上空を飛行し、ハッブル宇宙望遠鏡の修理などで大活躍しました。一九九八年からは、主としてISS（国際宇宙ステーション）に人間や物資を運ぶために使用され、二〇一一年にISSが完成すると引退しました。

ソユーズは、旧ソ連の有人宇宙飛行のために作られた三人乗りの有人宇宙船です。スペースシャトルが引退してアメリカの民間有人宇宙機が登場するまでは、有人輸送はソユーズだけが頼りでした。ソユーズは、軌道船・帰還船・機械船の三つからなります。打上げはソユーズ・ロケットで行われ、発射から一〇分足らずで地球周回軌道に投入されます。

最大三人の宇宙飛行士が乗り、仕事を終えると帰還船だけが地上まで帰還します。大気圏に突入すると、パラシュートで減速、地上〇・八メートルまで来ると、小型の逆噴射ロケットで着地の衝撃を和らげます。

スペースシャトルもソユーズも打上げは地面に垂直方向ですが、帰還はスペースシャトルは水平、ソユーズは垂直という違いがあります。さあ、あなたならどっちの着陸を選びますか？

要点BOX
- ●ISSの完成とともに役目を終えたスペースシャトル
- ●現役で活躍するソユーズ

スペースシャトルの打上げから帰還まで

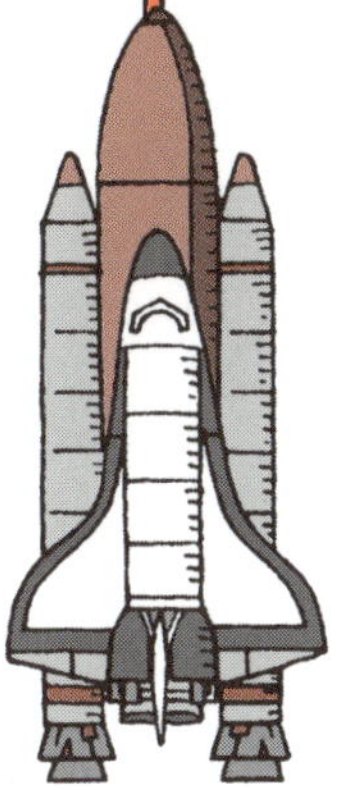

ソユーズによる有人輸送

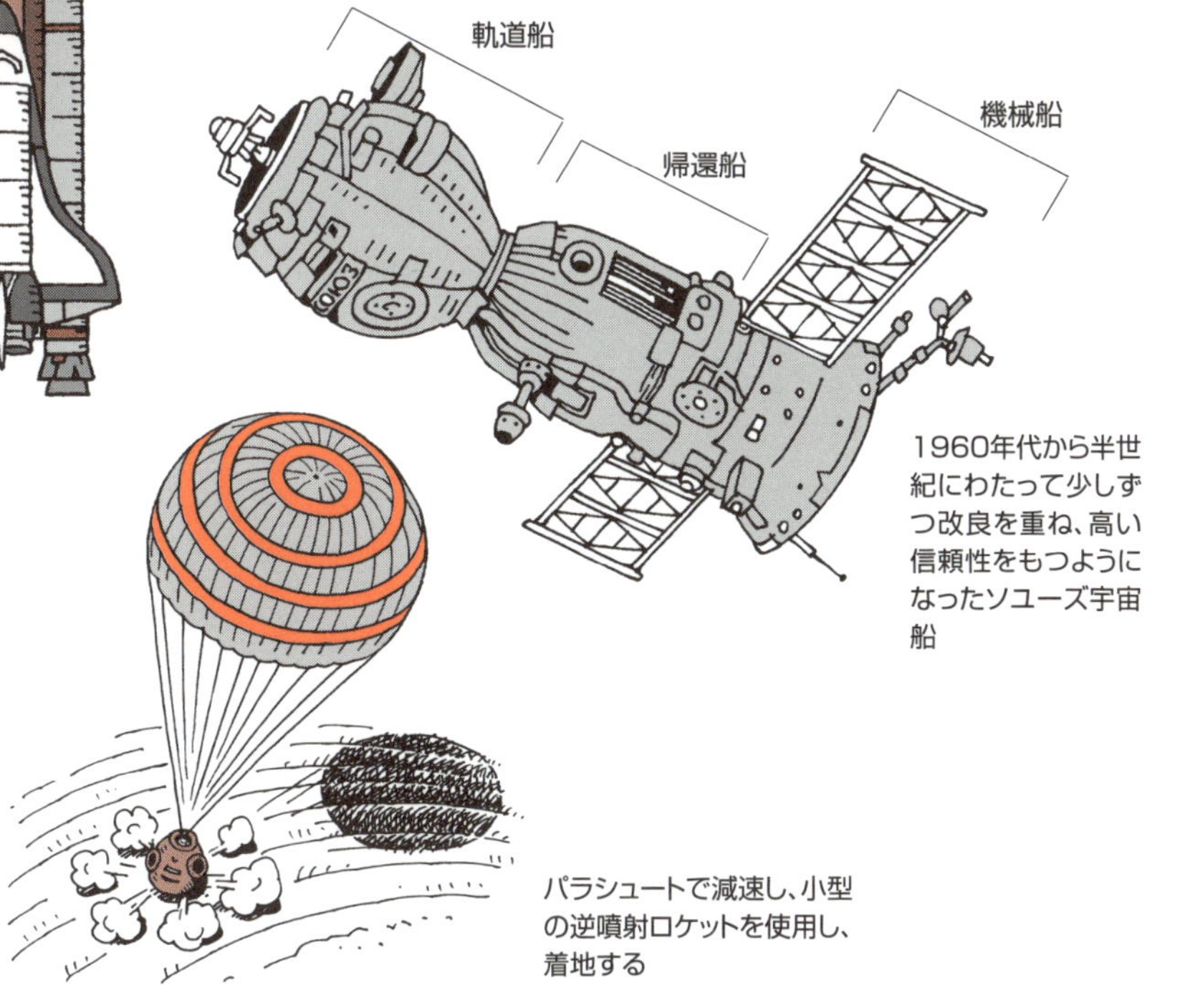

1960年代から半世紀にわたって少しずつ改良を重ね、高い信頼性をもつようになったソユーズ宇宙船
パラシュートで減速し、小型の逆噴射ロケットを使用し、着地する

54 「はやぶさ」から「はやぶさ2」へ

太陽系往還時代が始まった

二〇〇三年に鹿児島・内之浦からM－Vロケットで打ち上げられた「はやぶさ」が、六〇億キロメートルの宇宙の旅を終えて、二〇一〇年、地球に帰還しました。日本が独自の発想で開発したイオンエンジンを推進力とし、まるで鉄腕アトムのように高度な自律型ロボットとして飛行を続け、三億キロメートル彼方で、長さ五四〇メートルという小さな小惑星イトカワに着地し、その表面からサンプルを採取して、帰って来たのです。

「はやぶさ」が持ち帰ったカプセルから見つかったたくさんの微粒子の分析から、太陽系の昔の様子を知る貴重なヒントが得られました。

二〇一四年にはその後継機「はやぶさ2」が小惑星リュウグウをめざし、二〇一六年にはアメリカの「オシリス・レックス」も小惑星ベンヌをめざして、サンプルリターンに旅立ち、サンプルを採集してカプセルが地球に帰還しました。両機ともに、惑星間飛行でのイオンエンジンの有効性を証明しました。

「はやぶさ2」は、二〇一九年二月二一日、岩だらけで着陸が困難と見られたリュウグウに、直径六メートルのわずかな隙間を狙ってピンポイント着陸を成し遂げ、サンプルを採取しました。歴史に刻まれる見事なオペレーションでした。持ち帰ったリュウグウのサンプルは、生命の起源にかかわる情報を豊富に提供してくれています。

人間が宇宙に進出するということは、決して行きっぱなしではありません。故郷の星、地球は私たちの活動拠点ですが、どんなに遠くへ出かけても、またどんなにさまざまな危機にでくわしても、この地球へ帰れるということを、これらの探査機が見事に証明してくれました。「はやぶさ」と「はやぶさ2」によって、人類は「地球周辺の宇宙往還時代」から「太陽系往還時代」へ跳躍したのです。

要点BOX
- 「はやぶさ」は太陽系往還時代の幕開け
- 「はやぶさ2」はリュウグウに到着し、2019年2月に着陸、サンプル採取に成功

「はやぶさ」と「はやぶさ2」

「はやぶさ」と小惑星イトカワ

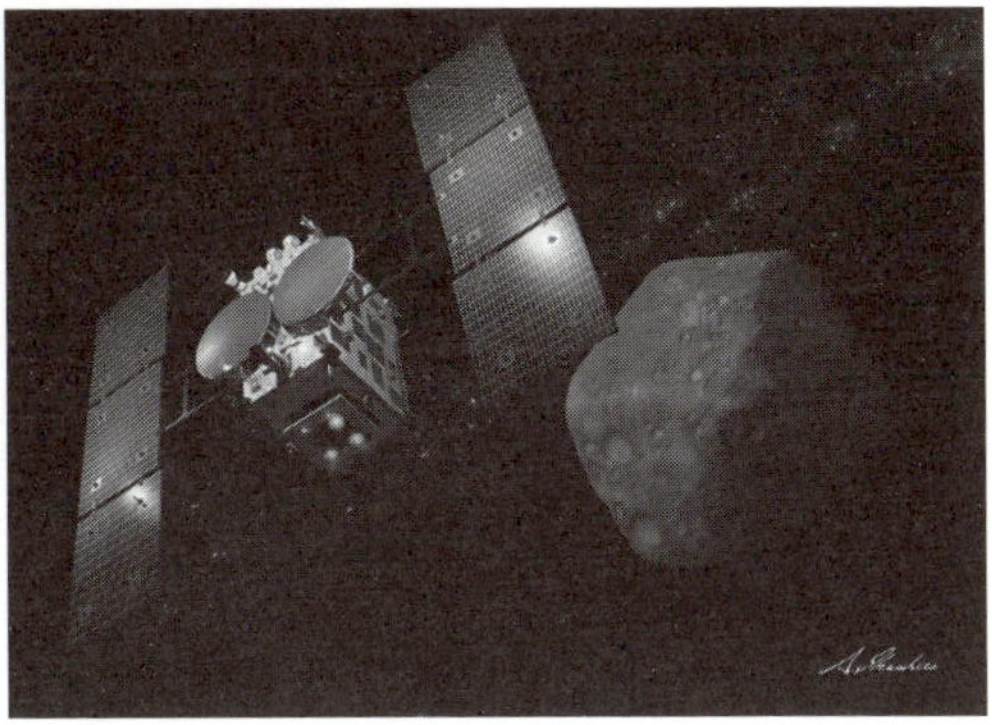

「はやぶさ2」と小惑星リュウグウ

「はやぶさ」の小惑星イトカワへの接地

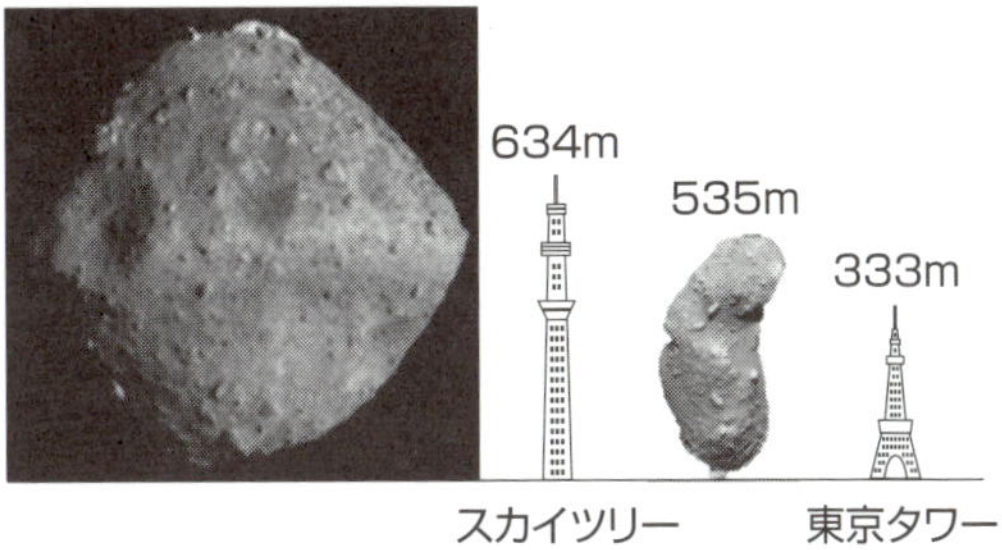

「はやぶさ2」の第1回タッチダウンは、円（直径約6m）の中を狙った。ほぼ中央にピンポイントで着陸したと思われる。×印は、ターゲットマーカーの位置、左下の「はやぶさ2」のイラストは写真と同じスケールで描いたもの。周りには数メートル級の岩がごろごろしている

「はやぶさ2」が第1回タッチダウンに成功し、上昇を始めた直後に高度30m以下で撮影したリュウグウの表面。薄く黒く見えているのは噴射で舞い上がった砂とみられる

55 ふたたび月へ

アルテミス計画のシナリオ

アポロ計画が終了した一九七二年から半世紀が経ち、ふたたびこの地球の隣の天体に宇宙飛行士を着陸させるアルテミス計画が、アメリカを中心に進められています。

宇宙飛行士の乗る宇宙船「オリオン」を新たに開発し、これを月まで運ぶための超大型ロケット「SLS（宇宙発射システム）」も作りました。そして二〇二二年、無人のオリオンをSLSで月まで運んで地球に帰還するテスト、アルテミスIを成功させました。次にアルテミスIIでは、四人の宇宙飛行士がオリオンに乗って月へ向かい、月を周回した後、月へは降りないで地球に帰還。

そして飛行士を月に着陸させるために、もう一つ別のロケット「スターシップ」を民間企業のスペースX社が作りました。スターシップは、ロケットとしても宇宙船としても使える宇宙輸送機です。

アルテミスIIIでは、まず打ち上げたスターシップは、地球を周回しながら、一〇回くらいに分けて地上から次々に運ばれて来る燃料を〝給油〟します。大量の燃料を積み込み終えると、エンジンを噴かして月を回る軌道に入り、後にSLSで打ち上げられるオリオンが宇宙飛行士四人を乗せて同じ軌道に来た時に、それとドッキングします。そして四人の飛行士のうち二人がスターシップに乗り移って月面まで運ばれ、着陸して六日半を二人が月面で過ごした後、月面から飛び立ち、月を周回しながら待っていたオリオンにドッキングします。そして合流した四人の飛行士を乗せて、オリオン宇宙船は地球に帰還するのです。

なお、アルテミスIIIミッションが行われる二〇二七年頃には、月面有人活動の中継基地として、月の周回軌道上に国際協力で「月ゲートウェイ」という月周回宇宙ステーションを建設する作業が開始されている予定です。

要点BOX
- ●SLSとオリオンとスターシップで構成
- ●アルテミスIIIで宇宙飛行士が月面に着陸

アルテミス計画のSLSロケットとオリオン宇宙船

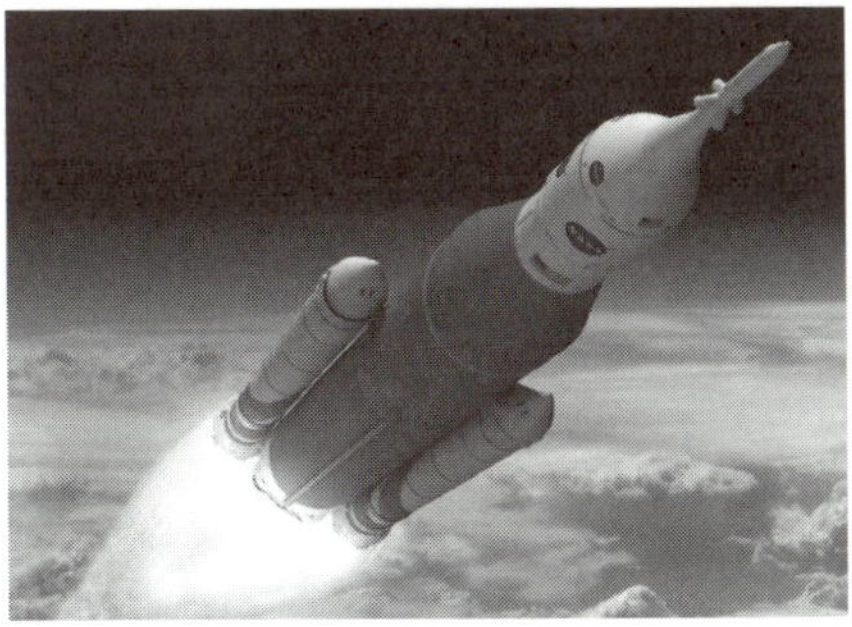

アルテミス計画でオリオン宇宙船を月へ打ち上げるSLSロケット

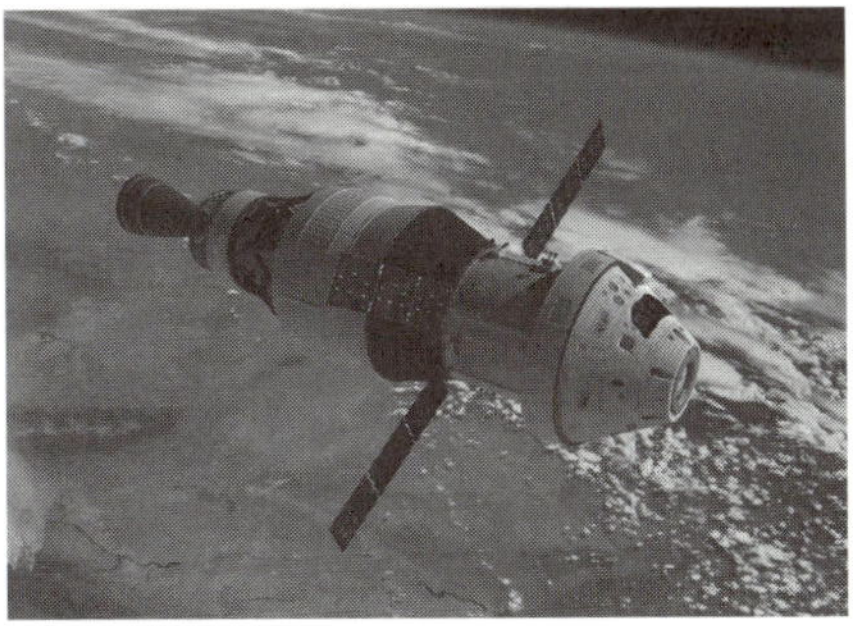

アルテミス計画で宇宙飛行士が搭乗するオリオン宇宙船

アルテミスⅢの飛行

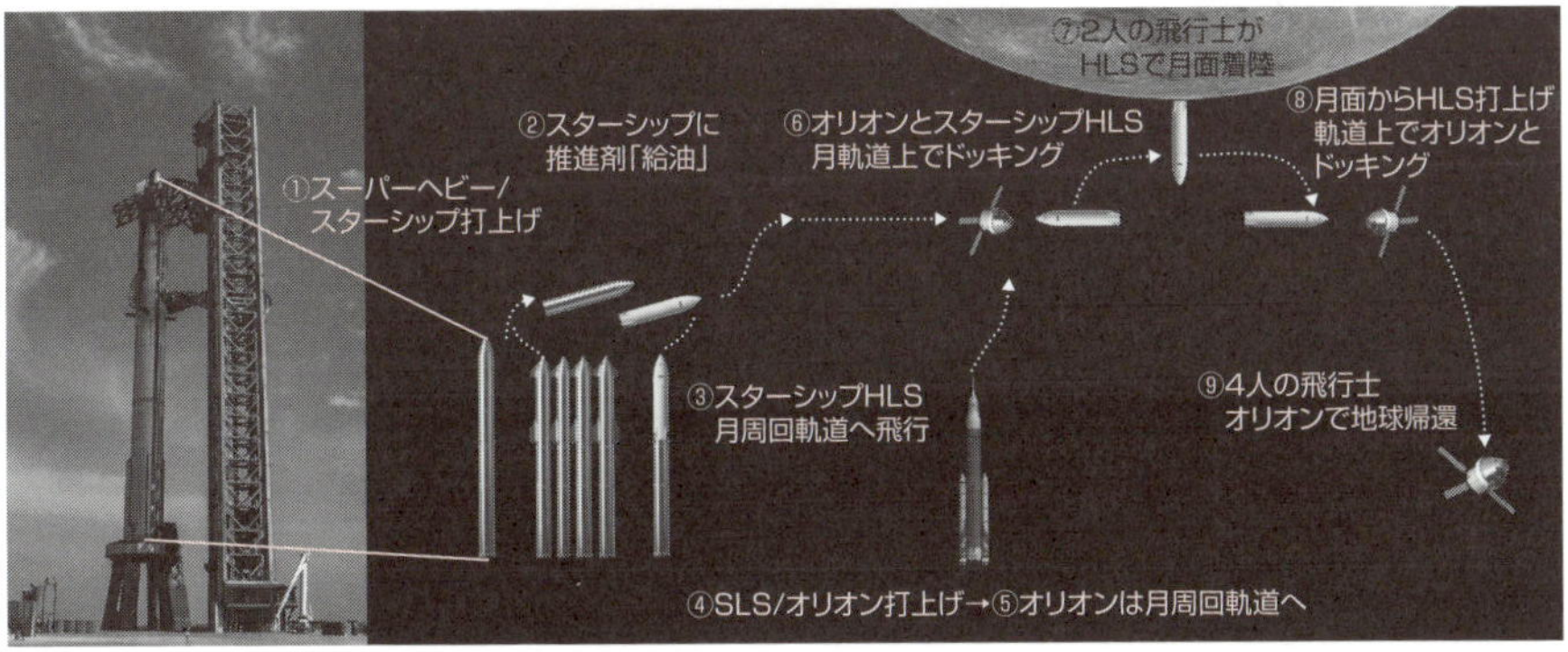

NRHO（月長楕円極軌道）

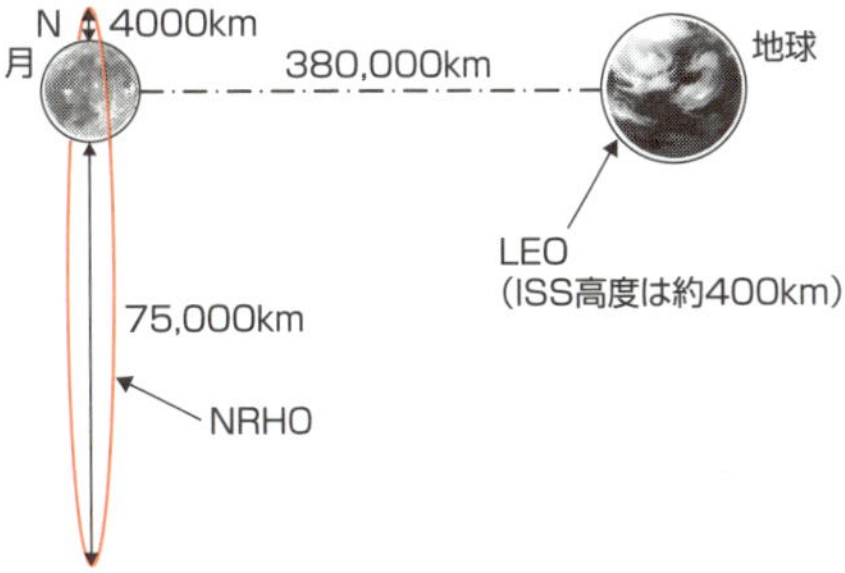

スターシップHLSの内部構造

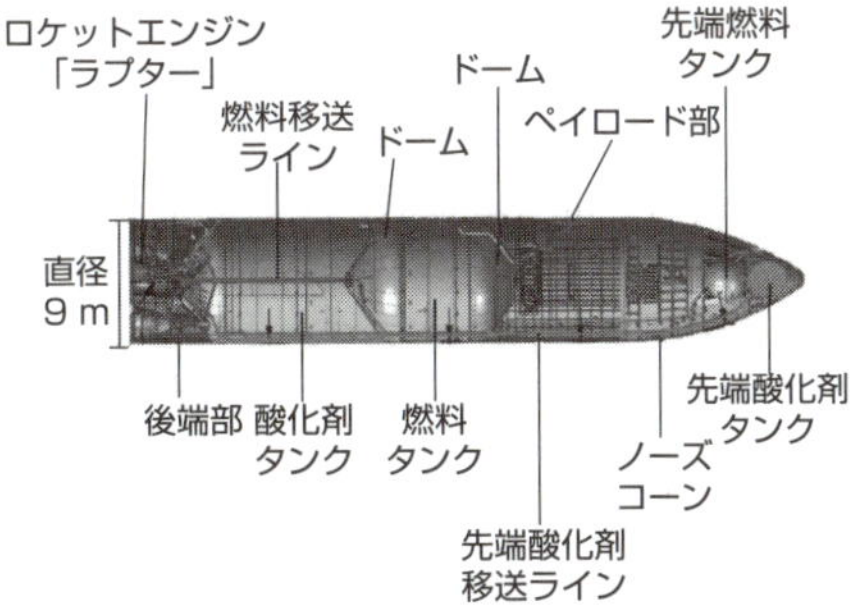

56 普通の人の宇宙旅行

海外旅行気分で宇宙へも

多くの人が「宇宙飛行士にならなくても宇宙に行きたい」という願いを持っています。特別な訓練を必要とせず、今の海外旅行程度の手続きや体への負担で、宇宙空間に滞在して地上に帰還できる時代が、いろいろな企業によって実現に向かっています。

民間人として宇宙に行った例としては、一九九〇年にTBS（東京放送）から宇宙ステーション「ミール」に派遣された秋山豊寛や二〇〇一年にISSへ旅立ったアメリカの富豪デニス・ティトーらがいます。

そんな中、二〇〇四年には民間による宇宙船開発に対する賞金制度Xプライズを獲得した有人宇宙船「スペースシップ・ワン」の快挙が喝采を浴びました。その後を継いだ「スペースシップ・ツー」は、二〇一八年から二〇一九年にかけて有人飛行で高度八〇キロメートルを突破し、宇宙旅行への道を切り拓きました。

その後もスペースX社の有人宇宙船「クルードラゴン」は二〇一九年三月にISSへの飛行・ドッキングに成功し、地球に帰還しました。後を追ったボーイング社の宇宙船「スターライナー」とともに、アメリカの自力による有人輸送も見事に復活しつつあります。

その他にもいくつもの企業が有人ロケットの開発を志向する一方で、宇宙輸送のための費用も劇的にコストダウンしてきています。

一部のお金持ちだけでなく、普通の人々が海外出張のように宇宙旅行を楽しめるのも夢ではない時代が、急速に近づいているのかも知れません。

二〇二三年三月現在、宇宙飛行士の数は約六〇〇人いると言われており、飛行士でない宇宙旅行者は約八〇人です。宇宙へ行った人の数は、アメリカ人とロシア人が多く、ついで中国人、そしてこれらにつぐ四番目が日本人なのです。でもこれからは、普通の人がそれほど厳しい訓練を経なくても宇宙旅行を楽しめる時代がやってくるかもしれませんね。

要点BOX
- ●民間のスペースシップ・ワンが弾道飛行を実現
- ●民間企業の競争で宇宙輸送の費用も低減

現実味をおびてきた宇宙旅行

世界中の人々を大量に宇宙へ運ぶ
時代が着実に準備されつつある

スペースシップ・ワンで帰還を喜ぶ
マイク・メルビル飛行士(2004)

旧ソ連の宇宙ステーション「ミール」
に搭乗する秋山豊寛(1990)

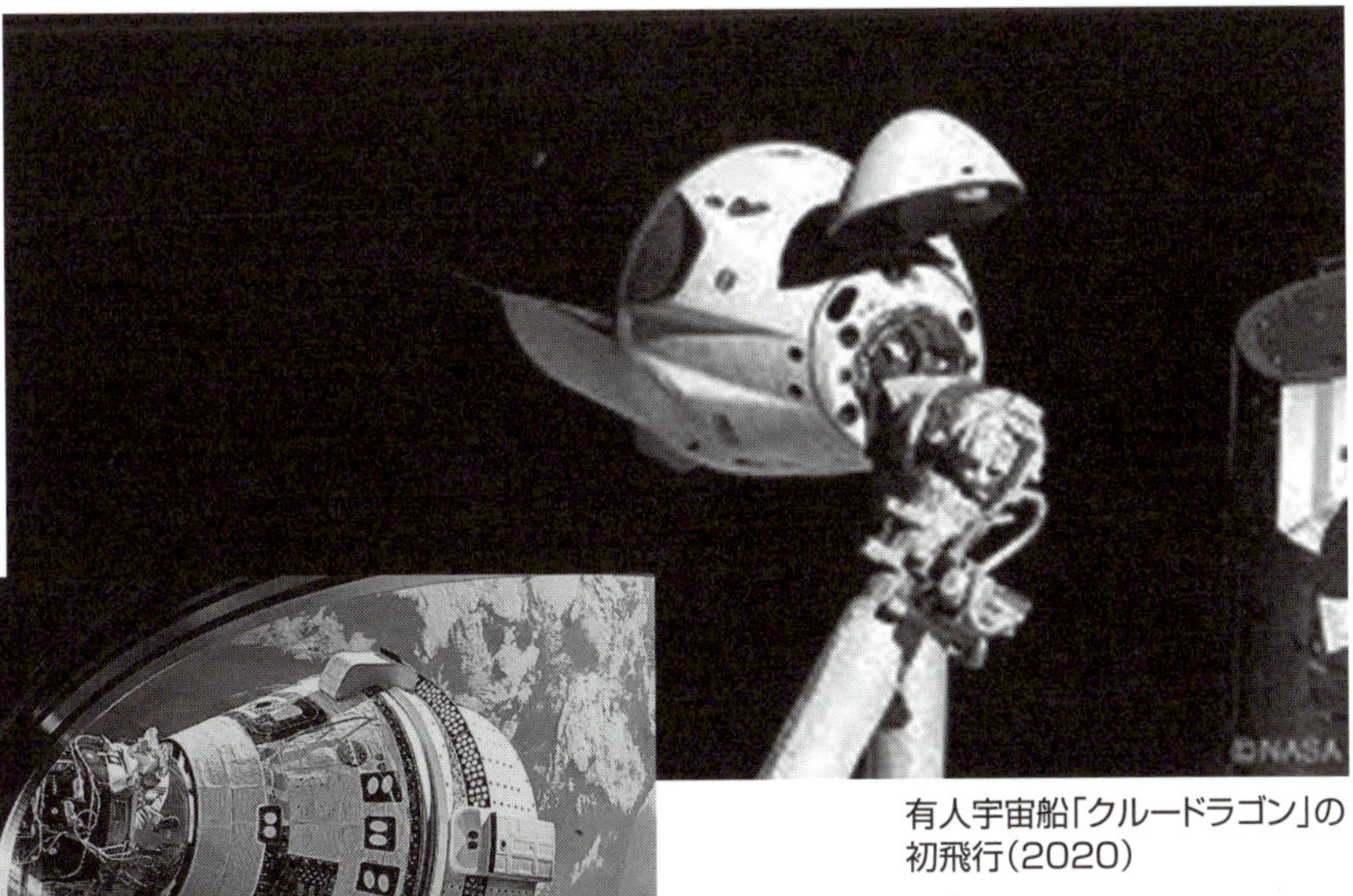

有人宇宙船「クルードラゴン」の
初飛行(2020)

ボーイング社の有人宇宙船「スターライナー」

57 火星をめざすロケット

イーロン・マスクの夢

アルテミス計画の実現に大きな役割を担っているスペースX社の創業者イーロン・マスク。彼のあらゆる仕事の根底には、人類の火星移住という野望が横たわっており、その構想には周到なシナリオが用意され、着々と実現に向かっていると思われます。

彼は二〇一八年にメキシコの国際宇宙会議で「実現のために一度に一〇〇人規模の人間を火星に送り込むことのできる巨大なロケットと宇宙船を作り、四〇～一〇〇年をかけて、火星に人口一〇〇万人以上の自立した文明を築く」と表明しています。

現在、スペースX社は宇宙船「スターシップ」と、それを打ち上げるためのスーパーヘビー・ブースターを開発しており、この全長一二〇メートルの超大型ロケットは、地球低軌道に一〇〇トン以上を投入できます。しかもスターシップもスーパーヘビーも、打ち上げた後に機体を垂直に帰還させることにも成功しています。その技術的基礎は、度重なる失敗を経てすでに一〇〇回を超える回収に成功している同社の「ファルコン」ロケットで培われました。この再使用技術を磨くことで、火星までの旅費を一人二〇万ドル程度までコストダウンさせるつもりです。地球大気ならば翼の揚力を使う水平着陸が有利ですが、薄い火星大気が相手なので垂直着陸を選んだようです。

ロケットの推進剤には、安価で扱いやすく再使用に適しているメタンを使うことを考えており、大量に必要となる推進剤は、有人のスターシップとは別のタンカー仕様のスターシップに軌道上で〝給油〟してから輸送する予定で、これは一足先にアルテミスⅢの飛行でテストします。

地球への帰路に必要な推進剤は現地調達する計画にしており、その方策も、水の電気分解とサバティエ反応※を利用する準備の実験作業に、抜かりなく取り組んでいます。人類が赤い火星の大地に立つ日も近いかもしれませんね。

要点BOX
- ●火星で人類文明を築く
- ●全長120メートルの超大型ロケットで地球低軌道に100トン以上を投入

火星は小さなフロンティア

火星に降り立った人類(想像図)

火星の夜明けと夕焼けは青い

火星への旅のシナリオ

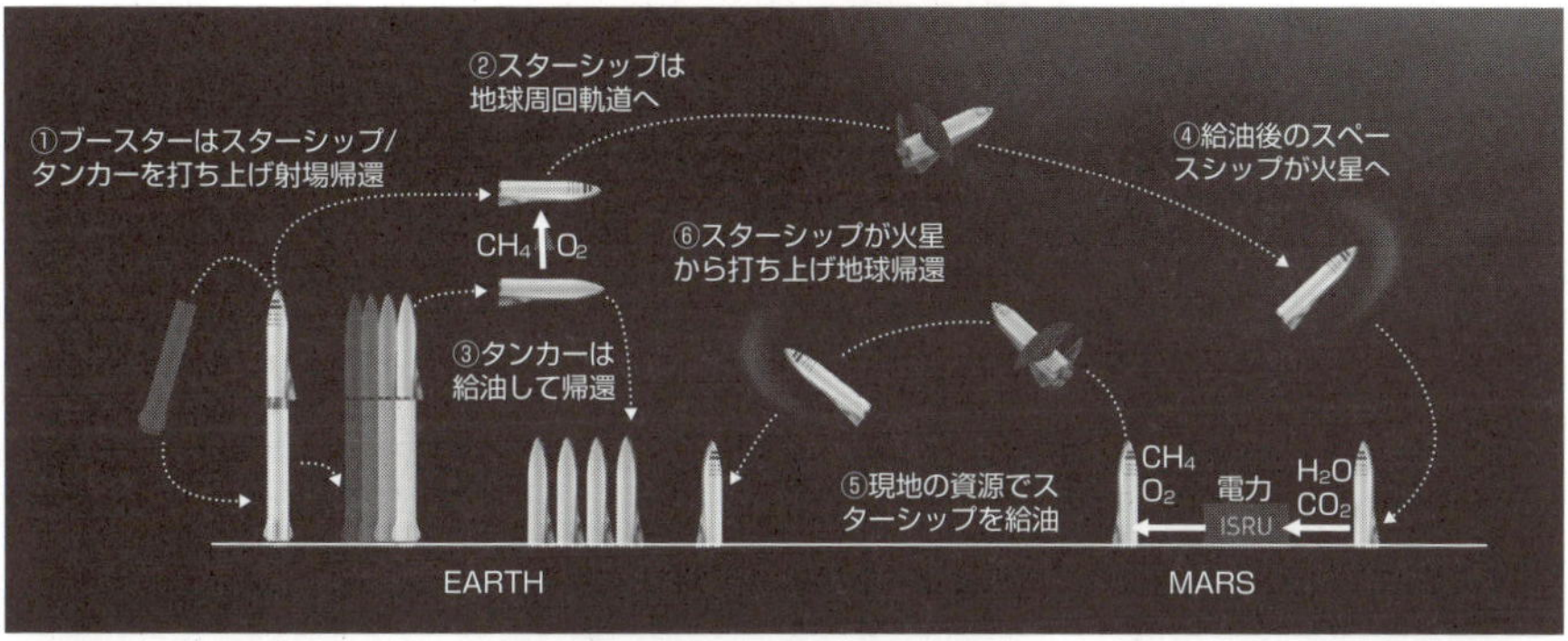

ローンチ・パッド上のスーパーヘビー・ブースターの上に取り付けられたスターシップの試作機(2021年8月6日)

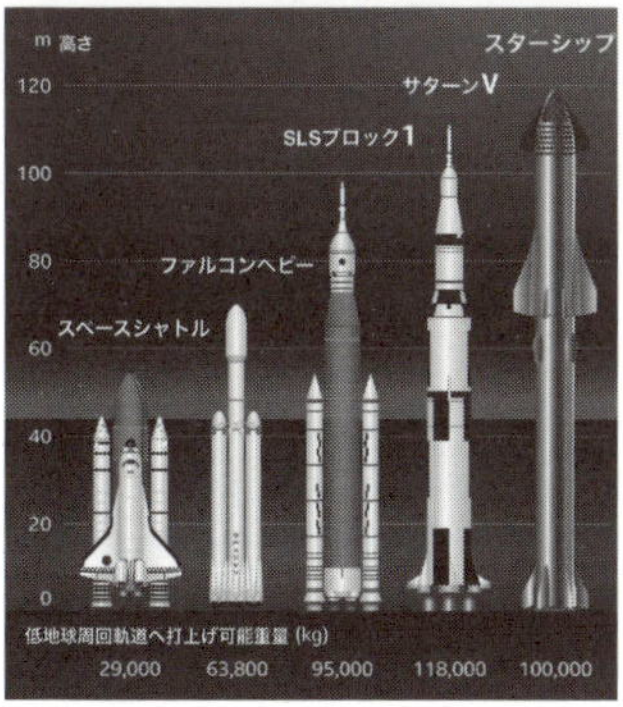

これまでの超大型ロケットの比較

スーパーヘビーをローンチ・パッドに取り付ける直前に撮影したラプターエンジンの群れ。飛行中は推力方向制御によって姿勢制御をする

用語解説

サバティエ反応：ニッケルなどを触媒として、水素と二酸化炭素を高温高圧下に置き、メタンと水を生成する反応。

Column

適度な貧乏

難しい質問がＮＨＫの「クローズアップ現代」の生放送で降ってきた。番組の最後に直球で切り込んできた。「はやぶさ」を地球に帰還させた原動力を一つの言葉で言うと、何でしょうか？

これはルール違反である。ＮＨＫの番組は、打ち合わせの時間が長いが、打ち合わせになかった質問は出ない。とはいえ逃げられない。生放送なのだ。極度に集中した思考の末、私が口にしたのは、「適度な貧乏」。

「はやぶさ」は金がなかった。何から何まで大企業に依頼して製作していくと、下請け・子会社の工場に降りるまでの中間マージンは膨大になる。「はやぶさ」チームは、コンポーネントごとの責任者・担当者が工夫をこらし、苦労を重ね自ら足を運び、町工場の職人さんたちの知恵も借り、製作現場と緊密な連絡をとりながら作り上げた機体である。「はやぶさ」を作ってくれた津々浦々の工場群の数は一五〇をはるかに超えている。

すべて貧乏なせいである。ところが、自分たち自身が走り回らなければならなかったため、出来上がってみれば、みんな隅から隅まで「はやぶさ」を知り尽くしたチームとなった。これが、数々のピンチを救った。システムを熟知したメンバーからは、危機を乗り越えるアイディアがいつも泉のごとく湧いて出た。

「はやぶさ」を帰還させた原動力は「適度な貧乏」——アナウンサーは納得してくれた。翌日、私のところにはたくさんの電話やメールがきた。中小企業の経営者の方々のものが多かった。

しかし川口プロマネがある日、つぶやいた——「的川さん、あの貧乏は適度どころじゃなかったんですけど……」。

しばらくすると、貧乏ばかり褒めているようで、何だかおかしいなと思い始めた。そのうち、気がついた。そう、大事なことは未来への高い志にあるのであって、それを成し遂げるために「適度な貧乏」をどう活用するかが肝腎と。でもあの時は仕方なかった。アナウンサーがルール違反だったから。

第10章

これからの宇宙ロケット

現在使用されている大型ロケットはすべて化学ロケットです。しかしより野心的な宇宙への進出を夢見て、さまざまな未来型の宇宙輸送システムが提案されています。そのほとんどはロケット推進の原理を使うものですが、中にはソーラーセイルのように、天然の太陽の光を使うものもあります。人類はどこまで宇宙への野望を伸ばしていくのでしょうか。

58 未来の宇宙輸送

電気、原子力、レーザーから光子まで

スペースシャトルが一度実現したので、気軽に宇宙へ行って帰る時代が到来したように見えます。しかし普通の人が宇宙旅行をするには、まだまだ現在の宇宙輸送のシステムは役不足と言えるでしょう。

普通の人が宇宙へ行って戻ってくるための便利で安価な完全再使用の輸送システムの出現が待ち望まれています。そのために必須の前段階として無人の「宇宙往還機」の研究・開発が世界中で始められています。

もっと運動エネルギーの出せる宇宙輸送の方式はないものだろうか。人類は、そんな問題意識でツィオルコフスキー以来の一〇〇年間を過ごしてきました。現在の段階で実用になりつつある、あるいは近い将来に実現されようとしている宇宙用の推進システムがあります。そのいくつかを紹介しましょう。

まず電気推進があります。これは太陽電池や原子力発電を使って発生した電気エネルギーを使って、推進剤を電磁的に加速して噴出するタイプです。代表的なものには、イオンエンジンがあります。二〇〇三年に地球を発ち、二〇一〇年に地球に帰還するまでの七年で六〇億キロメートルに及んだ「はやぶさ」の飛行によって、その燃費の良さと耐久力の素晴らしさを実証しました。

次に核エネルギー推進。これは核分裂または核融合によって発生した熱エネルギーを推進剤に与えて高速で噴出させるタイプです。平たくは「原子力ロケット」と呼ばれているものです。

レーザー推進は、地上や宇宙ステーションから宇宙の飛翔体に向けてレーザーを照射し、推進剤を加熱・気化させて高速の流れを噴出するタイプです。

太陽の光を直接利用する推進方法もあります。「イカロス」で実現したソーラーセイルが有名ですが、究極のものとして光子ロケットもあります。宇宙への輸送手段としては、ロケットではありませんが、宇宙エレベーターという夢の構想もあります。

要点BOX
- ●推進剤を電磁的に加速して噴出する電気推進
- ●核分裂・核融合の熱を用いる核エネルギー推進
- ●レーザー推進、光子ロケット、宇宙エレベーター

ロケット性能比較

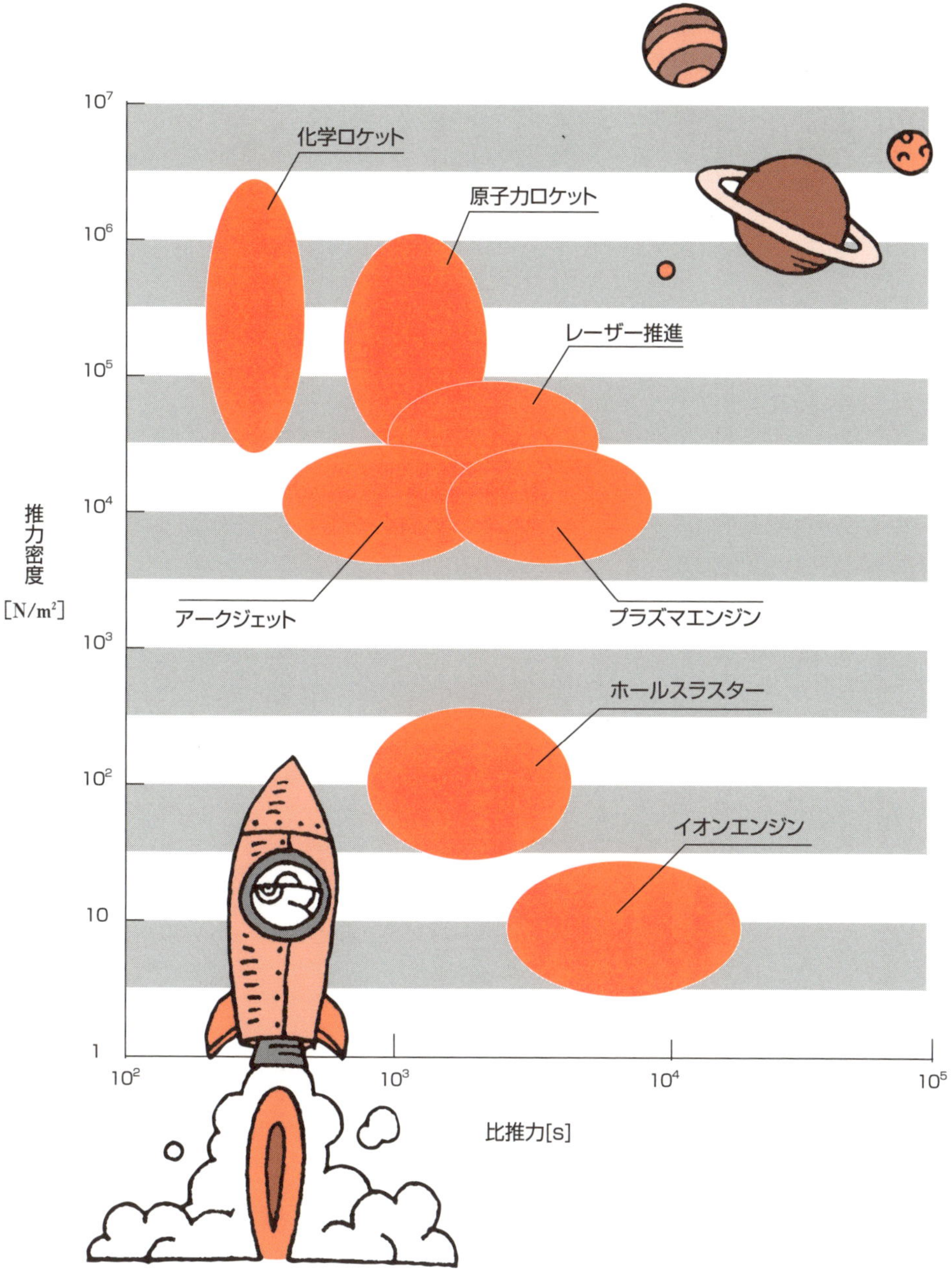
化学ロケット
原子力ロケット
レーザー推進
アークジェット
プラズマエンジン
ホールスラスター
イオンエンジン
推力密度
[N/m²]
10⁷
10⁶
10⁵
10⁴
10³
10²
10
1
10²
10³
10⁴
10⁵
比推力[s]

59 電気推進

「はやぶさ」と「はやぶさ2」はイオンエンジン

電気推進は、太陽電池や原子力発電を使って発生した電気エネルギーを使って、推進剤を電磁的に加速して噴出するロケット推進です。

いろいろな種類の電気推進がありますが。いずれも推力が小さいので、地上からの打上げや短い日数で近くの惑星に達したりするのには適しません。しかし「チリも積もれば山となる」方式で、低推力を連続して長期間噴かすことにより、目標が遠ければ遠いほど、高推力の化学推進よりもエネルギー的に得をすることができます。

「はやぶさ」と「はやぶさ2」の推進に使われて、一挙に実用化の段階に進んだのが「イオンエンジン」です。キセノン、セシウム、ヨウ素などの物質を電気の力でプラズマ化し、そのうちのプラスのイオンを静電場で加速して高速のイオンビームを作り、電子流で中和して最終的には高速のプラズマビームとして噴射し、その反動で推力を得ます。

機体はもともと電気的に中性です。プラスのイオンだけ噴射すると、残った機体がマイナスに帯電し、噴射したプラスのイオンの流れを引き寄せてしまうので、マイナスの電子を合流させ、中性にして噴射するのです。

「プラズマエンジン」は、高温のプラズマを生成し、そのプラズマをそのまま加速して推進力を生み出します。このエンジンは高速航行が可能であり、大きな推進力が得られますが、燃料の消費が激しく燃料の重さも重くなるというデメリットがあります。

プラズマの作り方や加速の方法はいろいろあるので、電気推進にはさまざまな種類があります。たとえば一九九五年に打ち上げて、若田光一宇宙飛行士がスペースシャトルで回収したSFUという衛星には「MPDアークジェット」という電気推進エンジンが搭載されていましたし、「ホールスラスター」という電気推進エンジンもすでに商業化されています。

要点BOX
- ●電気推進は「チリも積もれば山となる」方式
- ●さまざまな種類がある電気推進エンジン

「はやぶさ」と「はやぶさ２」のイオンエンジンの原理

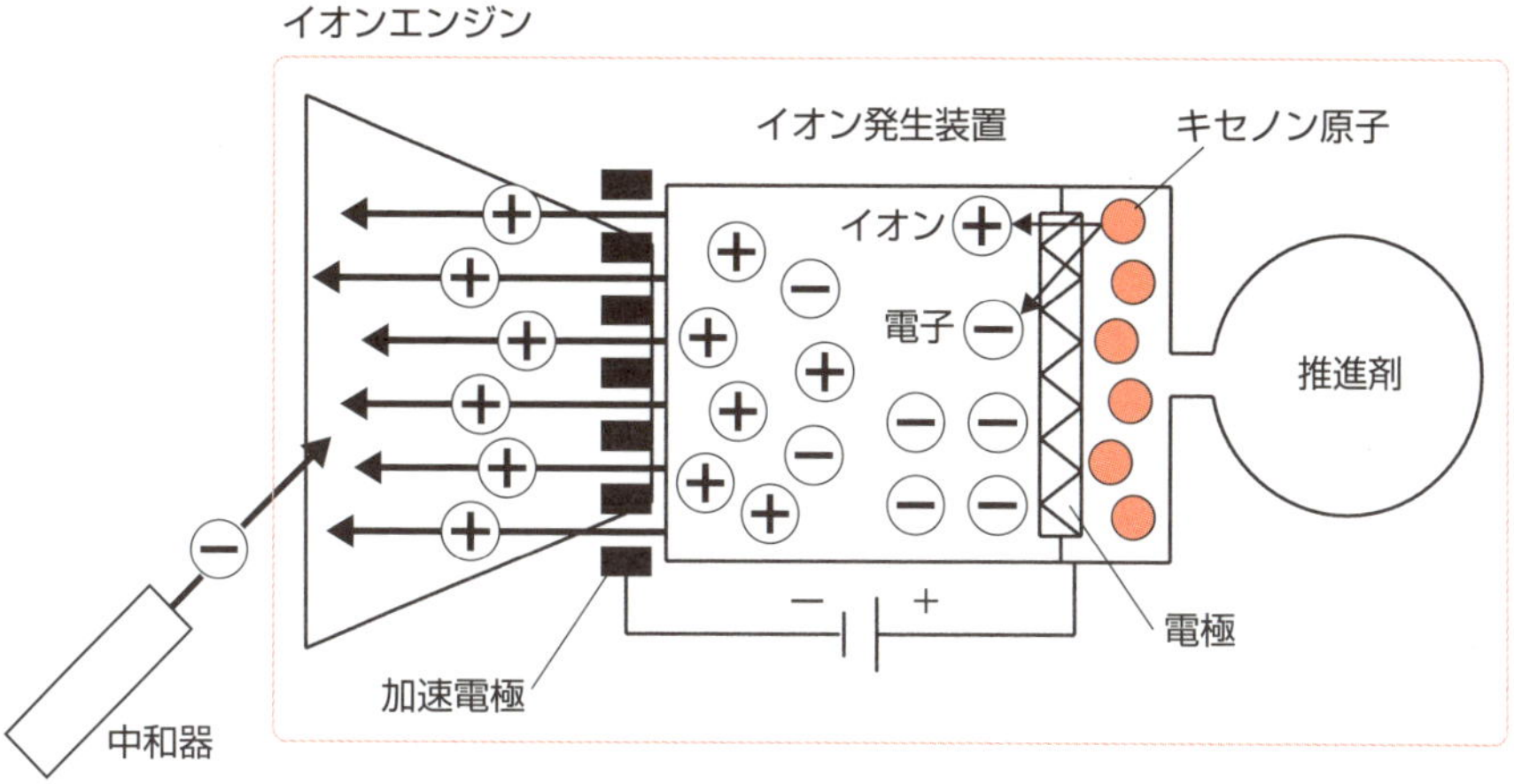

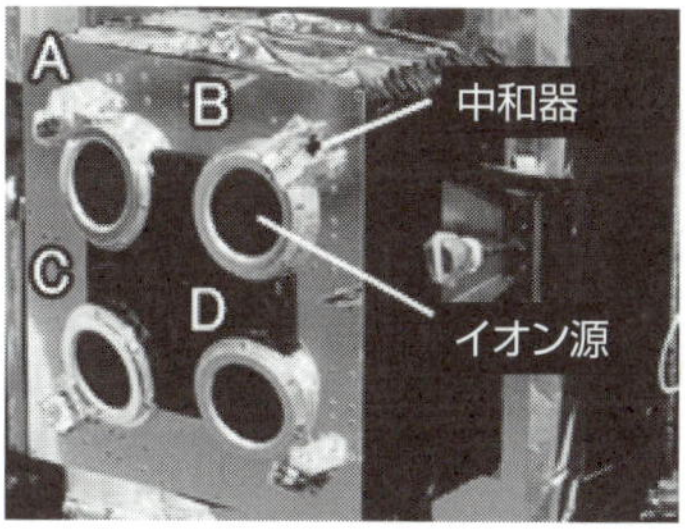

「はやぶさ」のイオンエンジン

イオンエンジンを噴かしながら航行する「はやぶさ2」

打上げ前のSFUとMPDアークジェット

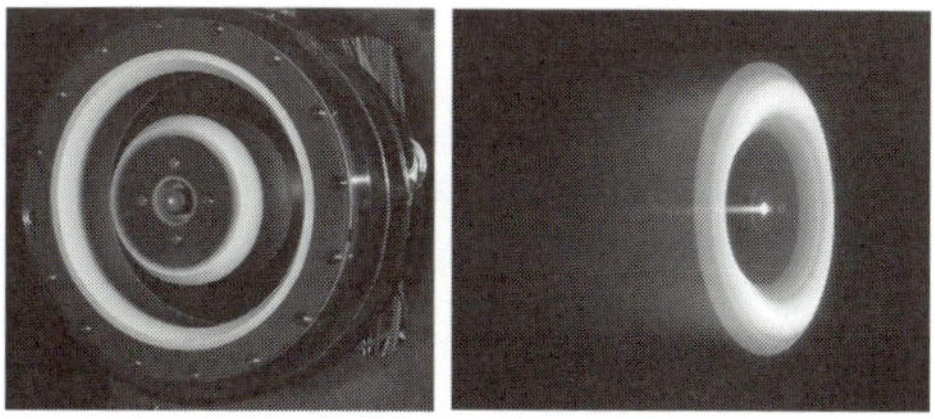
ホールスラスターとその作動状態

60 ソーラーセイル

世界に先駆けたイカロス

「ソーラーセイル」は、太陽光帆船とも呼ばれます。まるで洋上のヨットが風を受けて進むように、太陽の光を巨大な帆で反射しながら宇宙を航行する方式の宇宙推進です。

ピンと張った帆に太陽の光子が衝突すると、わずかながら力を及ぼします。一九世紀にマックスウェルが発表した放射圧の仮説を、レーベジェフが光を鏡に当てて証明しました。これを惑星間飛行に応用するアイデアは、すでに一〇〇年以上も前に、ツィオルコフスキーやツァンダーらが構想していたのですが、適した帆の材料がなかったため実現しませんでした。

最近になって、ポリイミド系の材料（高分子化合物）を非常に薄い膜に仕立てることが可能になりました。すべて手作りで製作した日本の「イカロス」は、二〇一〇年五月に打ち上げられ、差し渡し二〇メートルの帆を広げ、太陽の光を受けて惑星間空間へ出ました。帆の厚さはわずか七・五マイクロメートル、非常に薄いポリイミドフィルムです。

圧巻は、民生用に開発された薄膜状の太陽電池を膜面上に搭載し、軌道上で展開、発電を行った実験でした。見事にその実験は成功し、イカロスは、はるか金星の彼方まで、驚異的な姿勢制御をしながら航行して行きました。

アメリカの惑星協会は、二〇〇一年、二〇〇五年、二〇一五年と三度にわたってソーラーセイル実験機を打ち上げ、ロケットの不具合で失敗しました。そして二〇一九年に実証機ライトセイル２号で、ついに軌道上での展開に成功しました。

なおその後、ＮＡＳＡが二〇二四年四月にロケットラボ社のロケット「エレクトロン」で打ち上げたソーラー・セイル・システム「ＡＣＳ３」が、一辺が約九メートルの正方形の帆の展開に成功しています。

要点BOX
●帆に光子を受けて進むソーラーセイル
●ポリイミド系の材料で非常に薄い膜の帆を製作

ソーラーセイルの原理と全開した「イカロス」の帆

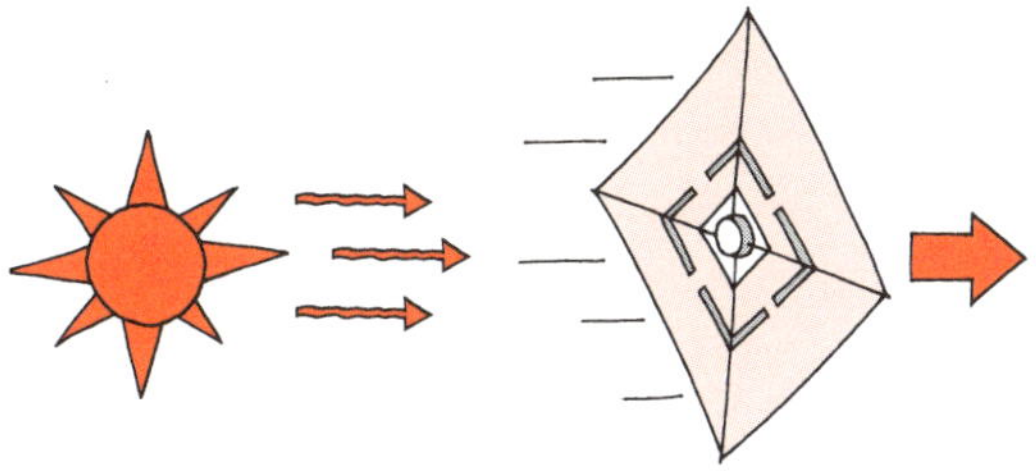

太陽光は光子（フォトン）の流れでありフォトンは運動量を持っている

フォトンの流れが帆に当たると運動量が伝わり推力が生まれる

© JAXA

宇宙で全開したイカロスの帆

ソーラーセイル「イカロス」の膜面

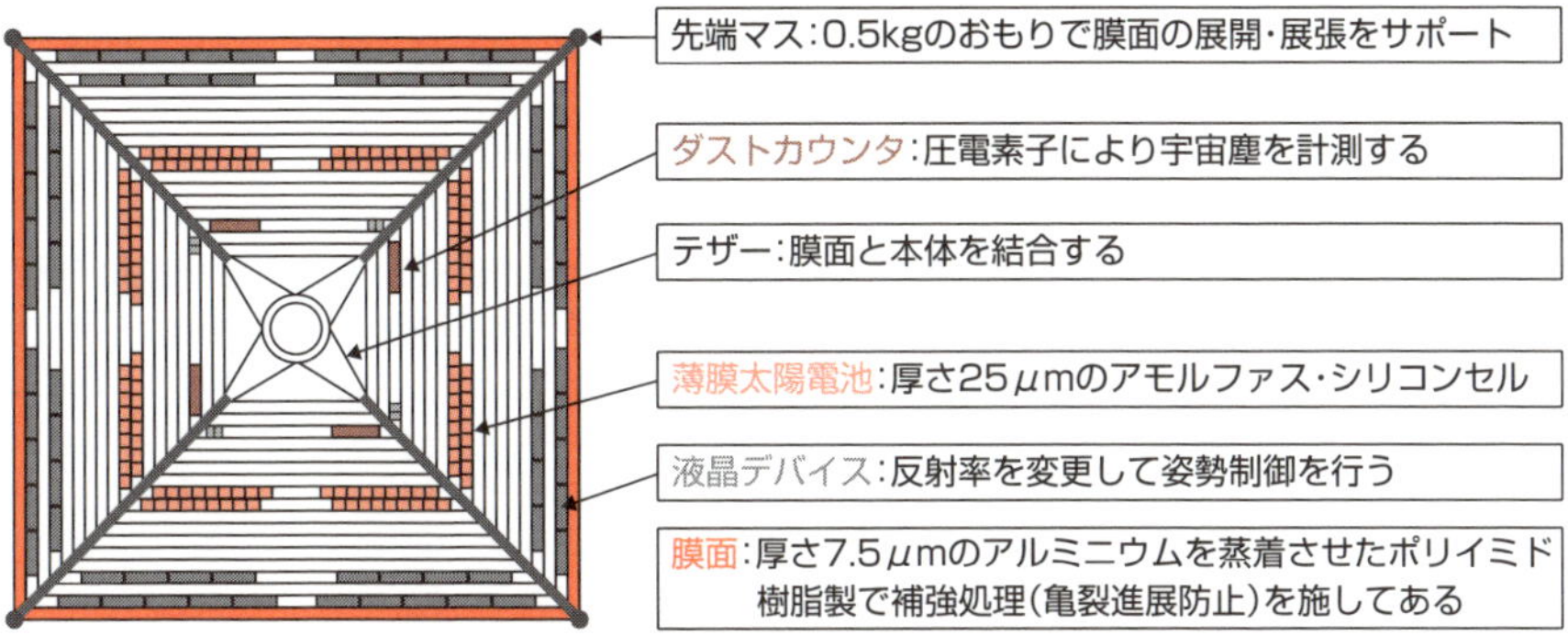
先端マス：0.5kgのおもりで膜面の展開・展張をサポート
ダストカウンタ：圧電素子により宇宙塵を計測する
テザー：膜面と本体を結合する
薄膜太陽電池：厚さ25μmのアモルファス・シリコンセル
液晶デバイス：反射率を変更して姿勢制御を行う
膜面：厚さ7.5μmのアルミニウムを蒸着させたポリイミド樹脂製で補強処理（亀裂進展防止）を施してある

世界初のソーラーセイル「イカロス」の全ミッション

ついに宇宙で開いたNASAのソーラーセイルACS3（2024）

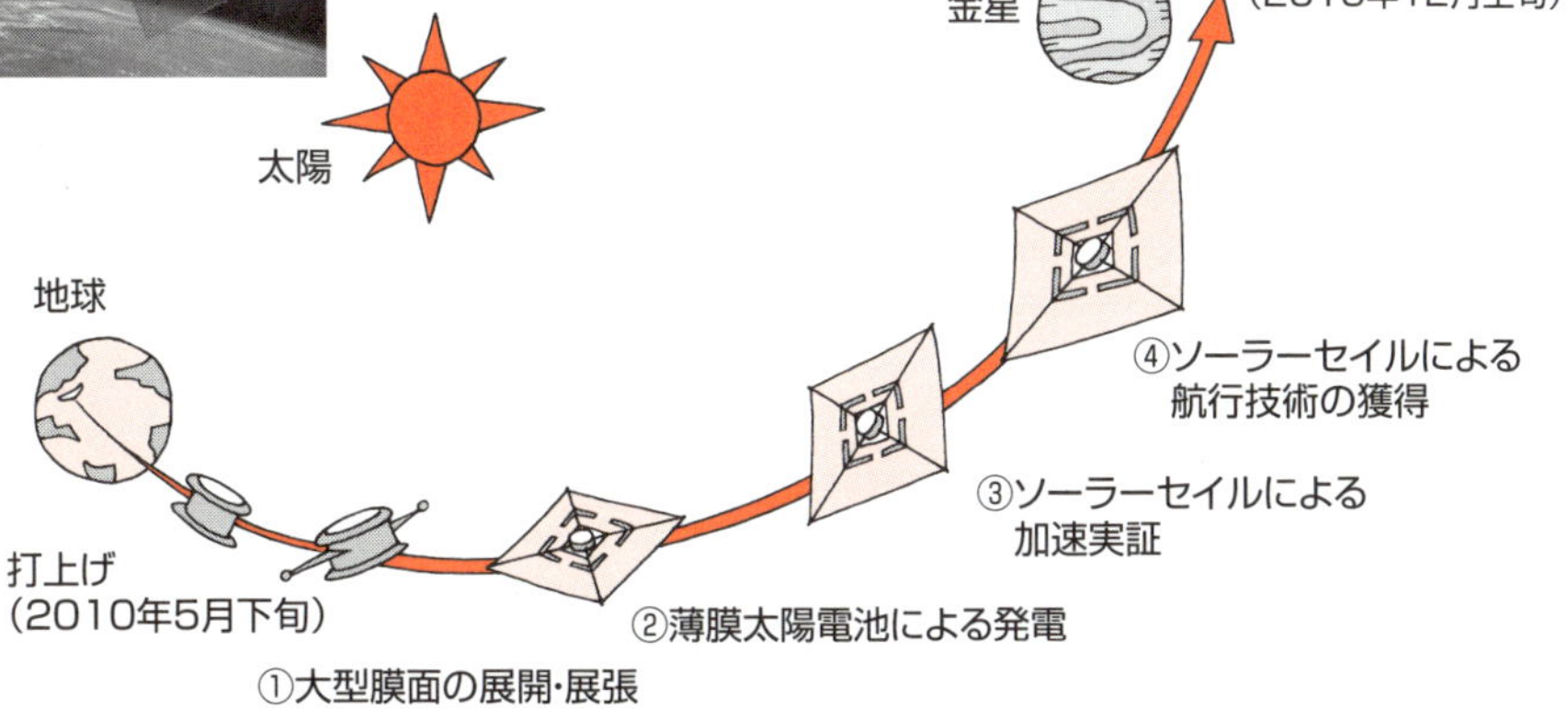
金星
金星通過
（2010年12月上旬）
太陽
地球
打上げ
（2010年5月下旬）
①大型膜面の展開・展張
②薄膜太陽電池による発電
③ソーラーセイルによる加速実証
④ソーラーセイルによる航行技術の獲得

61 完全再使用のスペースプレーン

夢の宇宙輸送システム

未来の宇宙輸送システムとして、みんなが夢見るのは、完全再使用の宇宙往還機です。「スペースプレーン」と総称しますが、共通しているのは、大気の濃い高度では吸い込み式エンジンを使い、上空では切り換えてロケット推進を使うというイメージです。

世界のほとんどのロケットが、推進剤の約七〇％以上を高さ五〇キロメートル以下で使いきります。そこで空気の濃いところでは、周りの空気を吸い込んでその酸素を使って燃料を燃やせば、その酸素の分だけ重さを節約できますね。

これでニューヨークまで飛ぶことを考えてみましょう。日本のどこかの空港からジェット機のように飛び立ちます。今のジェット機では高度一〇キロメートルで水平飛行に移りますね。スペースプレーンは、そこでロケット推進に切り換えて、宇宙へ飛び出て、人工衛星軌道に入ります。すると無重量になり、機内放送が流れます――みなさん、シートベルトを外して無重量をお楽しみください――しばし賑やかな楽しみの時間が経過し、再び機内放送――着陸の準備に入ります。シートベルトを着けてください――かくてスペースプレーンは、またジェット機のように吸い込んだ空気の酸素を使って燃料を燃やすフェーズに入り、ニューヨークの空港に着陸します。

高度一〇キロメートルから衛星軌道まで達したために遠回りしたように見えますが、計算してみると、日本からニューヨークまでかかる時間は、わずか三時間。実は糸川英夫がロケット開発を始めた時の夢は、この太平洋横断三時間の飛行だったのです。

スペースプレーンの原形となる輸送機をアメリカのラディアンエアロスペース社が開発中で、近いうちにスケールモデルのテストを行う予定です。

なお、二〇一七年創業の日本のスペース・ウォーカー社も、スペースプレーンをめざして有翼の再使用型ロケットの開発に取り組んでいます。

要点BOX
- ●大気中では吸い込み式エンジン、上空ではロケット推進を切り換えて使う
- ●日本からニューヨークまで3時間の快適な飛行

スペースプレーンの想像図（JAXA）

ラディアンエアロスペース社のスペースプレーン。3200mのレールの上をロケット動力のそりに引かれて離陸する

NASAが1990年代に提案していたX-33

太平洋横断の旅

62 核エネルギー推進

核分裂で発生する熱を利用

「原子力ロケット」と俗称される核エネルギー推進は、核分裂または核融合によって発生した熱エネルギーを推進剤に与えて高速で噴出させるエンジンです。化学ロケットの噴射ガスは化合物ですから分子量が大きくなるのですが、原子力ロケットではこの世で最も軽い水素をそのまま用いることができるので、少々エンジンが重くなっても、性能は化学ロケットをはるかにしのぐことができます。

アメリカではすでに一九六〇年代から原子力ロケットの研究が進められてきました。これまでに、放射性崩壊の際に発生する熱を利用する「原子力電池」は、2機のボイジャーを始めとする外惑星探査機で成功をおさめており、たとえば、パイオニア一〇号、パイオニア一一号、ガリレオ、ユリシーズ、カッシーニ、ニュー・ホライズンズ、またバイキング計画の2機の着陸機やアポロ一二号とアポロ一七号で月面に残された実験装置などにも使われました。なお、アポロ一三号の原子力電池は、月着陸が中止されたため、太平洋のトンガ海溝付近に投棄されました。

燃焼室の中で小型の原爆や水爆を連続的に爆発させて推進剤を加熱する「パルス・ロケット」方式は、かつて恒星間飛行の夢とともにそれぞれ、オリオン計画とダイダロス計画として一世を風靡《ふうび》し、現在もパルスプラズマロケット計画が追究されています。

NASAとアメリカ国防高等研究計画局（DARPA）は、火星までの飛行時間を劇的に短縮することをめざし、「核熱ロケットエンジン」のDRACO計画を立ち上げました。これはかつてサターンロケットの上段で使用することが検討されたNERVA計画を受け継ぐものです。

そう遠くない将来の有人探査ミッションで、核エネルギーの活用が重要なポイントになるかも知れませんね。

要点BOX

- ●エンジンが重くても高い推力が得られる
- ●アメリカで1960年代から進む核エネルギー推進の研究

核エネルギーを利用したロケットやミッション

人類が製作したものの中で最も遠くへ到達しているボイジャー1号

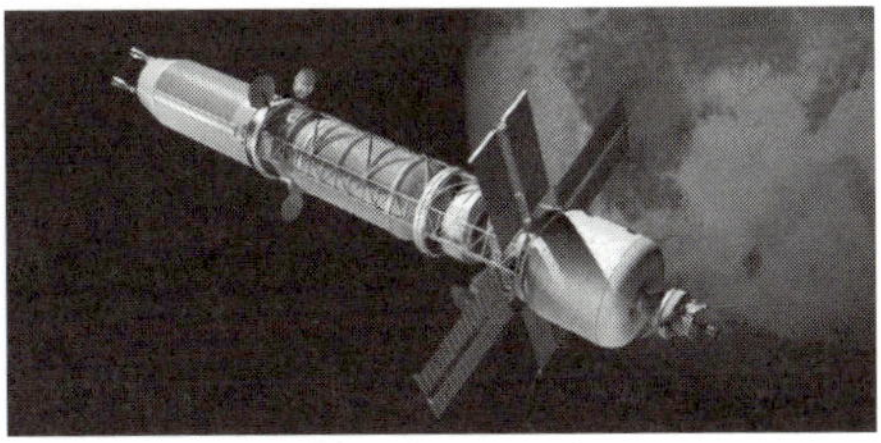

原子力ロケットの基本的イメージ

1960年代のアメリカで開発が進められていた原子力ロケットエンジン「NERVA」

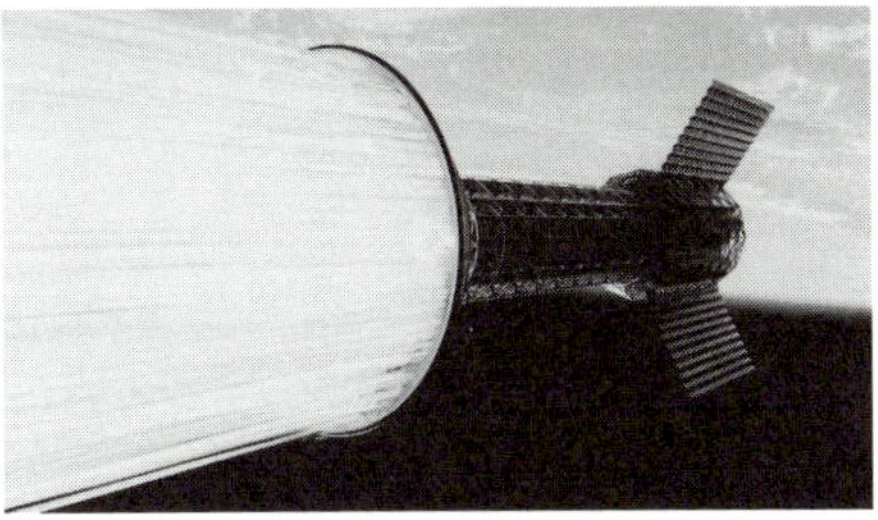

NASAとハウ・インダストリー社が開発を進めているパルスプラズマロケット

63 光子ロケット

光子を放出して推力を得る

ロケット推進は、ある質量をもつ物質を体内から放出して、その反動で推力を得る方法です。これに対しドイツのオイゲン・ゼンガーが考えた「光子ロケット」は、光子を放出してその反動で推力を得るものです。通常のロケットと違うのは、光子について、速度は定義できるのですが、静止質量が定義できないということです。

そこで、光子のもつエネルギーとしては量子力学で登場するプランクの定数hを使って定義しますが、そのエネルギーをアインシュタインの有名な「エネルギーと質量の等価」という関係を使って変換すれば、従来のロケット推進と結びつけることができます。

しかしある程度の推力を得るためには、大量の光を集めなければなりません。例えば日本列島を照らしている太陽の光を全部集めると、一〇〇トンぐらいの推力を生み出すことができる計算になるのですが、こんなにたくさんの光をどうやって作り出すのでしょうか。

もう一つの難関はこの膨大な量の光を反射する鏡をいかに製作するかです。鏡で光が反射される時は、その光の一部は鏡に吸収されて熱エネルギーに変わります。奈良時代や平安時代に使われていた鏡が各地で出土していますが、非常に反射率の低いもので、こんな鏡では女の人も苦労しただろうなと思います。

普通の鏡では五%ぐらいの光が吸収されています。相当しっかり仕上げても吸収を〇・五%以下に抑えるのは至難の業です。しかも光子ロケットに必要な量の光が鏡に吸われると、鏡が数千万度にも達して溶けてしまうでしょう。吸収が光の一〇〇万分の一以下になるような鏡が欲しいという勘定になるのですが、それはいつの時代に実現するものでしょうか。

光速に近づくと、質量がどんどん大きくなるということも現実の宇宙船の製作には大きな壁になります。魅力的ですが課題も多くありますね。

要点BOX

- ●光子を放出してその反動で推力を得る
- ●大量の光をいかにして集めるか
- ●膨大な量の光を反射する鏡をいかにつくるか

光子ロケット

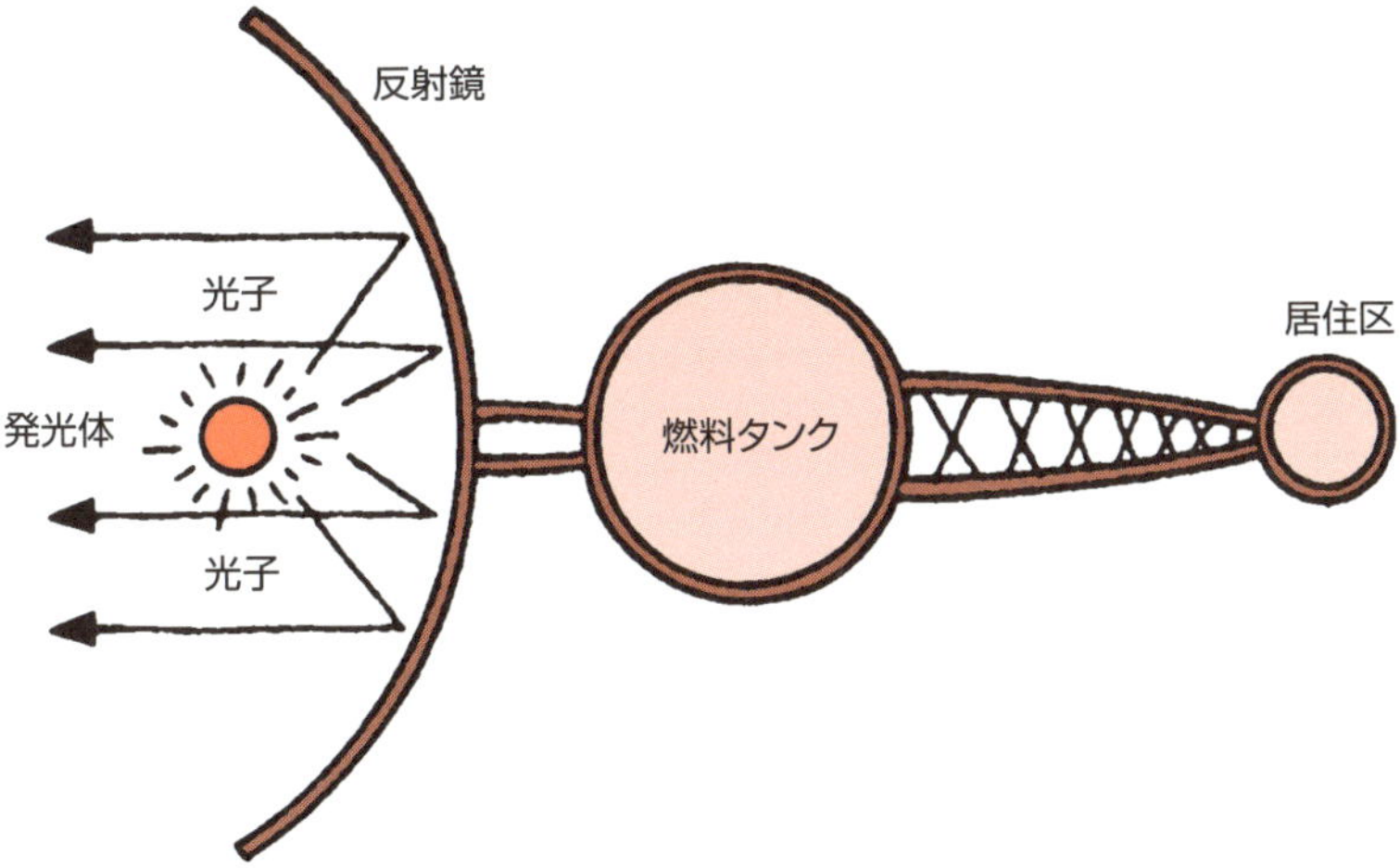

ロケット推進のエネルギー源

エネルギー源	エネルギー発生量 J/kg	質量消滅率	備　考
化学反応（液体水素-液体酸素）	1.33×10^{7}	1.48×10^{-10}	化学ロケット
核融合	3.6×10^{14}	4.0×10^{-3}	原子力ロケット
質量のエネルギー変換	9.0×10^{16}	1.0	光子ロケット

64 レーザー推進

地上や宇宙ステーションからレーザーを照射

　レーザー推進は、宇宙を航行している飛翔体に対して、地上や宇宙ステーションにあるレーザー装置から直接レーザーが照射されます。飛翔体に積まれた推進剤は、このレーザーによって加熱・気化され、高速の流れで噴出していきます。レーザーのエネルギーを発電に利用して電気推進の形をとることもできるでしょう。いずれにしても、エネルギー源がロケットの外にあるという点に長所があります。

　レーザー推進ならば、重いエンジンの代わりに大量の積荷を運ぶことができるので、大変コストダウンした輸送を実現することができます。積荷が軽ければ恒星間飛行も夢ではありません。

　ずっと未来の構想としては、たとえば太陽に最も近い惑星である水星を周回する太陽同期軌道に衛星を多数配置し、そこで太陽エネルギーをレーザーのビームに変換してやります。その多数のレーザー衛星から太陽系の外向きに放たれたレーザーをどこか一点に集め、束ねて太陽系を航行している宇宙船に向けて発射します。その途中で、強力なレーザービームを太陽系のさらに外側に置いたレンズで再び束ね、宇宙船に発射するのです。

　レーザー技術が発達すれば、これは恒星間飛行にだって利用できる素晴らしいエンジンになるでしょう。

　二〇一八年に亡くなった理論物理学者のスティーブン・ホーキングらは、レーザー推進を使って、地球から最も近い恒星「プロクシマ・ケンタウリ」へ超小型宇宙船を飛ばす構想を発表しました。スターチップと命名した切手サイズの宇宙船に、カメラ、推進装置、航法・通信機器を組込み、それにレーザーをあてるのです。

　完全再使用のスペースプレーンとともに、恒星間飛行は、SFの世界で頻繁に登場する夢の飛行です。現代の若者の大胆な開発へのチャレンジを大いに期待しています。

要点BOX

- ●ロケットや宇宙船にレーザーを照射して推進剤を加熱する
- ●レーザーエネルギー輸送の技術開発はこれから

レーザー・ロケット

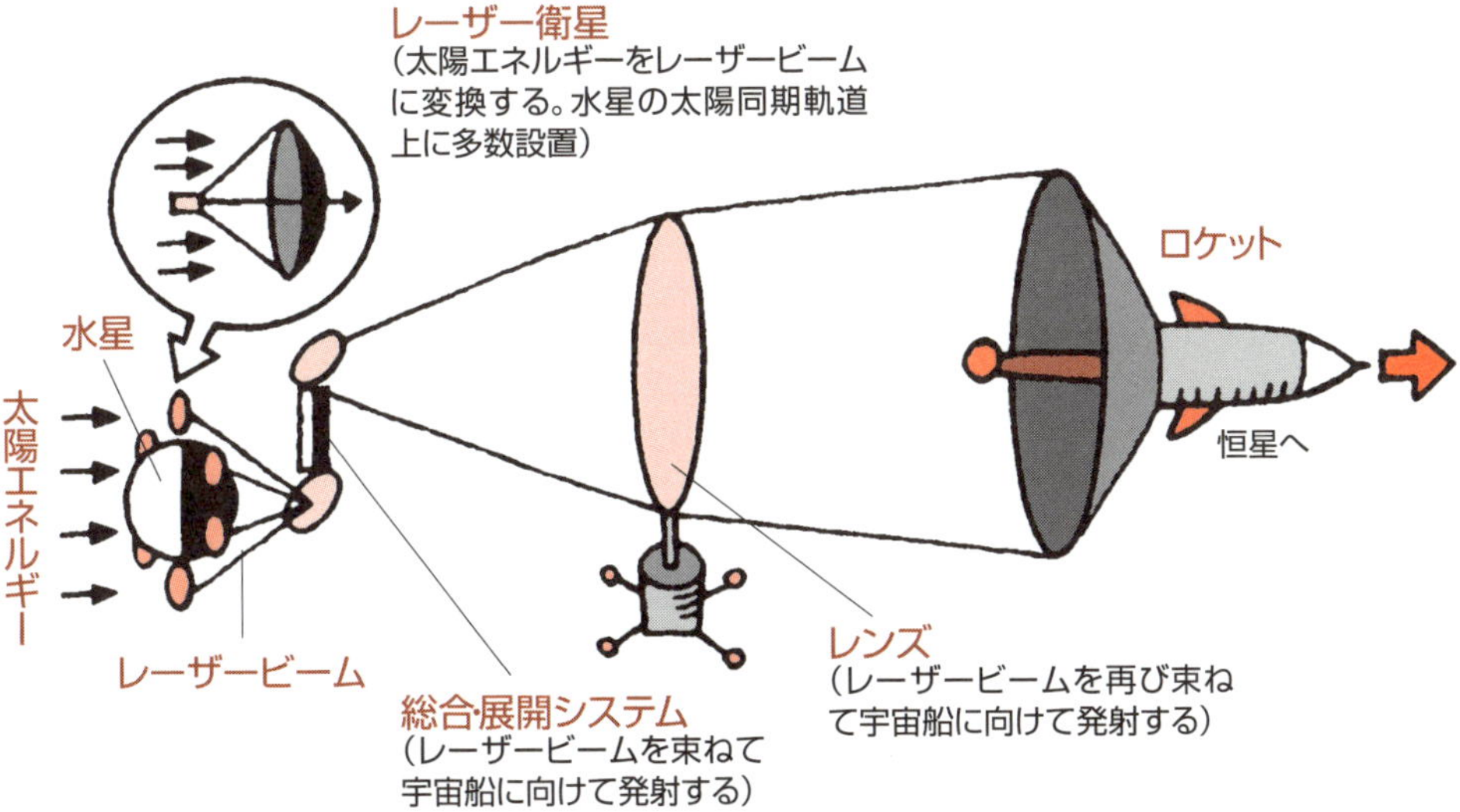

ホーキング博士らのブレイクスルースターショット計画

1000億ワットのレーザーを極薄の帆に照射して強力に加速し、光速の20%を実現する計画。図1のようなレーザー発射装置を図2のように数千台並べてアレイにし、宇宙に向け発射する。狙いを切手サイズの超小型宇宙船に取り付けた極薄の1m四方の帆に絞る（図3）。この強力なレーザーを帆に受けて宇宙船は加速し、プロクシマ・ケンタウリをめざして宇宙空間を航行する（図4）。

1

2

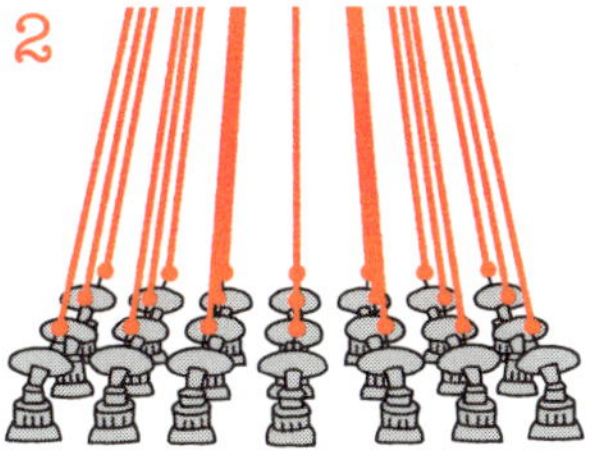

3

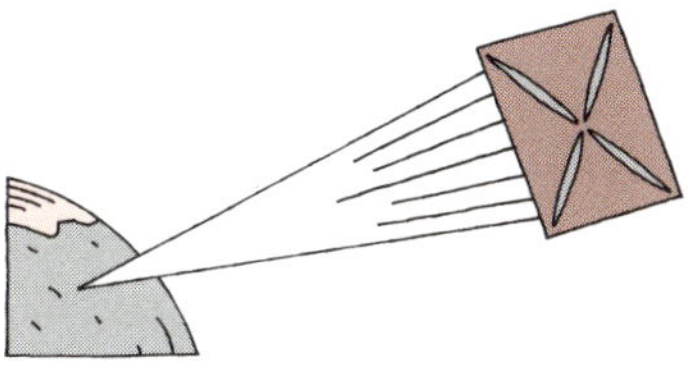

4

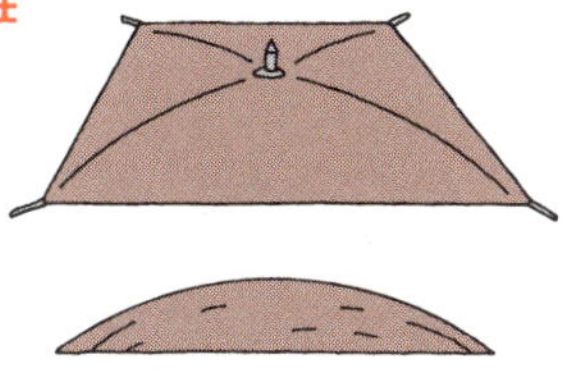

65 宇宙エレベーター

ロケットに代わる宇宙輸送の手段

ロケットに代わるさまざまな宇宙輸送の手段が検討され始めています。宇宙エレベーターはその一つです。静止衛星の軌道（高度三万六〇〇〇キロメートル）と地上をエレベーターでつなぎます。バランスウェイトを考えると、ケーブルの長さは一〇万キロメートルに達します。そんなに長いケーブルを垂らすと、そのケーブルは自分の重さで千切れてしまいます。その重さに耐えられるような丈夫な材料が今まではなかったので、宇宙エレベーターは、SFなどの中で描かれるだけでした。ところが最近になって、グラファイト・ウィスカーとかカーボンナノチューブという非常に頑丈な材料も登場してきて、宇宙エレベーターも現実味を帯びてきています。

それに加え、バランスウェイトの一番上である高度一〇万キロメートルにおける速度は、地球の重力を脱出するための速度（脱出速度）を超えているので、もし宇宙エレベーターが実現したら、その上端から惑星探査機を発射すれば、非常に楽になります。

現実に宇宙エレベーターを建設することになれば、隕石やスペースデブリなどの衝突への対処、太陽からの電磁波や放射線への対策を始め、さまざまな課題が山積しています。しかしこれらの課題を乗り越えて実現すると、宇宙へのアクセスは非常に容易になり、これまで達成することが極めて難しいと考えられてきた、人類のエネルギー問題を解決する太陽発電衛星、万人の宇宙旅行を現実のものにする真の宇宙時代の招来、月や火星への人類の移住など、私たちの未来に大きな展望が開けていくことでしょう。

人間は、とてもかなえることができない夢を抱き、無数の人々の知恵のリレーで、一つ一つの夢を現実の目標にまで高めて実現してきました。今は途方もない夢でも、世代にまたがる努力によって、「想像できるものは必ず実現できる」（ジュール・ベルヌ）ことを信じることにしましょう。

要点BOX
- ●静止衛星の軌道と地上をつなぐ
- ●頑丈な材料が登場してきた
- ●宇宙利用の未来の展望を開く

宇宙エレベーター

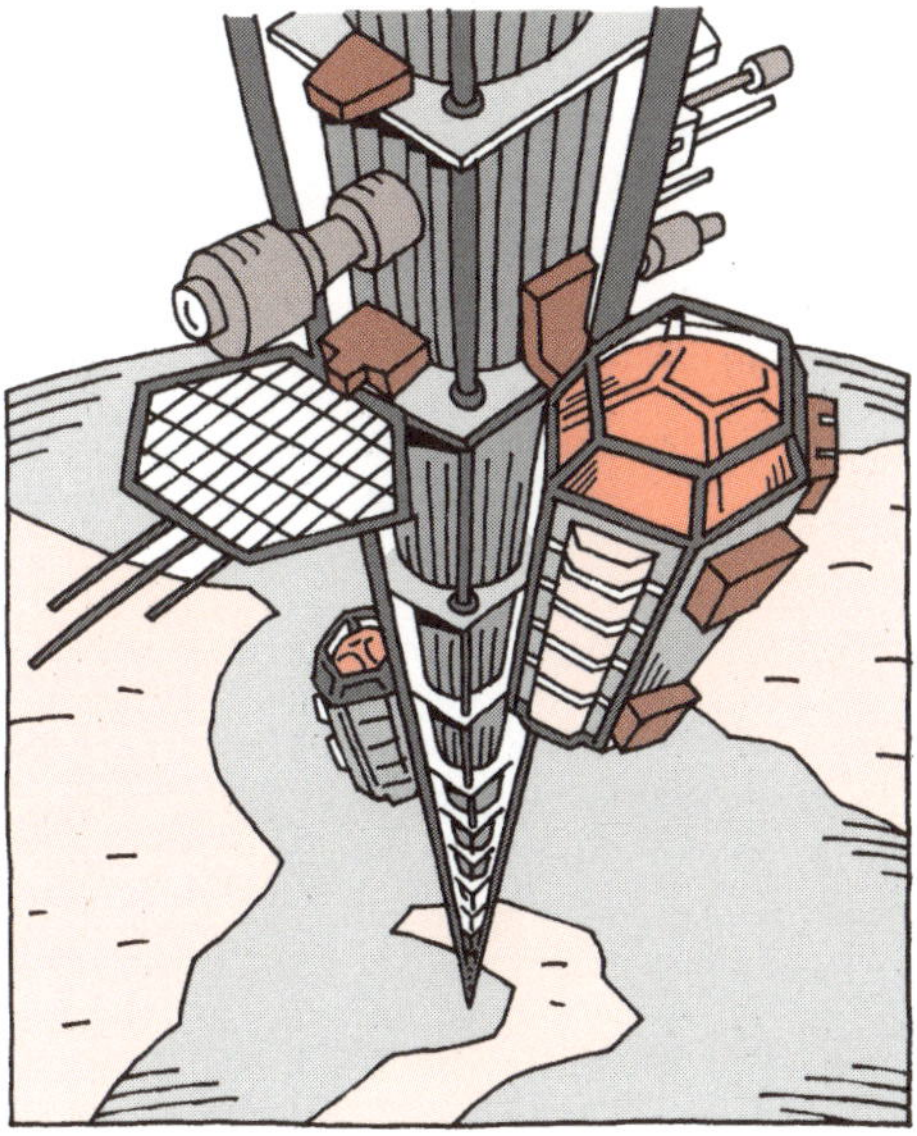

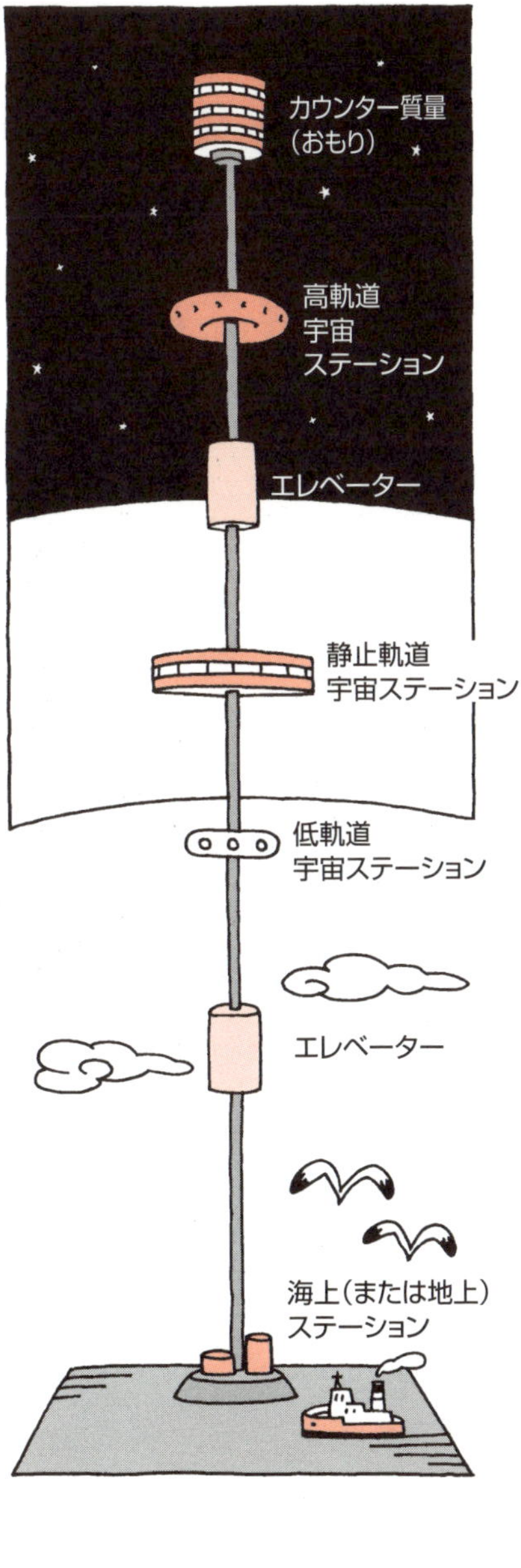

カウンター質量
（おもり）
高軌道
宇宙
ステーション
エレベーター
静止軌道
宇宙ステーション
低軌道
宇宙ステーション
エレベーター
海上（または地上）
ステーション

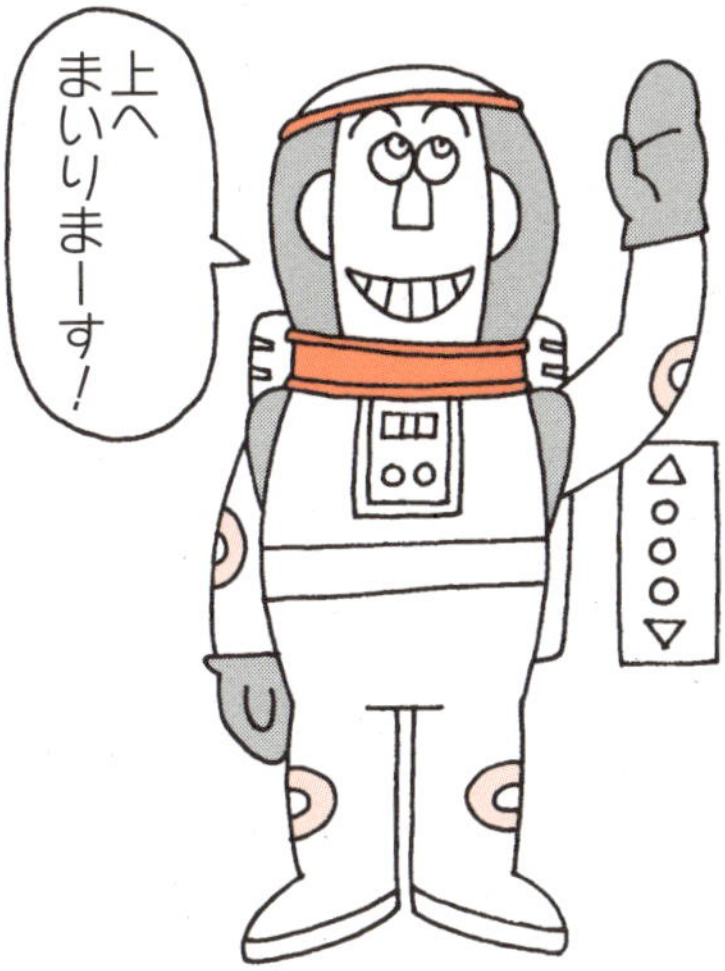

上へ
まいりまーす！

Column

二台のパソコンで打ち上げ管制

日本のロケット開発の父である糸川英夫が長さわずか二十三センチメートルのペンシル・ロケットの水平発射を東京・国分寺で行ったのは、一九五五年。以来日本の固体燃料ロケットは独自に研究・開発を進め、一九九八年のM（ミュー）-Vロケットによって、ついに世界最高性能に到達した。五号機で「はやぶさ」を打ち上げた名機である。

M-Vはいろいろと事情があって開発が中止されたが、その日本の固体燃料ロケット技術を土台にしながら後継機として革新を図ったのが、イプシロン・ロケットである。最新の人工知能やIT技術を駆使して、上から下までできる限りの自動化を実現したので、組み立て→点検→打上げのすべての段階でコンピュータが大活躍する。コンピュータの方が人間より断然すぐれている作業は、コンピュータにやってもらおうというわけ。

傍目から見て、その自動化の成果が最も見事に現れるのは、打上げ管制である。ロケットの発射管制と言えば、テレビのシーンでも、大勢の人が複雑そうな装置やモニターを見つめながら長時間にわたって「大騒ぎ」しながら仕事をしている印象がある。イプシロンの管制は、その常識を根本から覆した。数人が管制室にいるだけなのである。

イプシロンの打上げ管制でめざしているのは、使われるコンピュータとして、パソコン二台。チームではこの体制を「モバイル管制」と呼んでいる。私のような古い世代から見ると、まるでSFの世界みたいである。これなら、発射場は鹿児島にあっても、管制自体は、東京でもロサンジェルスでも、世界中どこにいてもできるのではないか。

たとえばバイコヌール宇宙基地のソユーズ・ロケットの打上げを、東京にいる二人の人間が二台のパソコンで実行するなんて、実に愉快ではないか。イプシロンは全く「未来型」のロケットなのである。

【参考文献】

『宇宙工学概論』（小林繁夫著）丸善、二〇〇一年
『ロケット工学』（松尾弘毅監修・柴藤羊二・渡辺篤太郎共著）コロナ社、二〇〇一年
『ロケット工学』（木村逸郎著）養賢堂、一九九三年
『ロケット工学基礎講義』（冨田信之他共著）コロナ社、二〇〇一年
『宇宙ロケット』（原田三夫・新羅一郎共著）共立出版、一九六四年
『月をめざした二人の科学者』（的川泰宣著）中公新書、二〇〇〇年
『逆転の翼』（的川泰宣著）新日本出版社、二〇〇五年
『図説宇宙工学』（岩崎信夫・的川泰宣共著）日経印刷、二〇一〇年
『宇宙ロケット工学入門』（宮澤政文著）朝倉書店、二〇一六年
『宇宙飛行の父 ツィオルコフスキー』（的川泰宣著）勉誠出版、二〇一七年
『三つのアポロ』（的川泰宣著）日刊工業新聞社、二〇一九年

【資料提供】

NASA、JAXA、スペースX社、スケールド・コンポジッツ社、ラディアンエアロスペース社、中国航天局、北海道・大樹町、スペースポート紀伊、AstroX、Haver Analytics、Morgan Stanley Research、Brice and Technology

タ

ナ

ハ

マ

ヤ

ラ

索引

今日からモノ知りシリーズ
トコトンやさしい
宇宙ロケットの本　第4版

NDC 538.9

2002年8月31日　初版1刷発行
2011年4月25日　第2版1刷発行
2019年4月25日　第3版1刷発行
2025年3月25日　第4版1刷発行

発行者　井水 治博
発行所　日刊工業新聞社
東京都中央区日本橋小網町14-1
(郵便番号103-8548)
電話　書籍編集部　03(5644)7490
販売・管理部　03(5644)7403
FAX　03(5644)7400
振替口座　00190-2-186076
URL　https://pub.nikkan.co.jp/
e-mail　info_shuppan@nikkan.tech
印刷・製本　新日本印刷(株)

●DESIGN STAFF
AD————志岐滋行
表紙イラスト————黒崎　玄
本文イラスト————榊原唯幸
ブック・デザイン ——大山陽子
(志岐デザイン事務所)

●
落丁・乱丁本はお取り替えいたします。
2025 Printed in Japan
ISBN　978-4-526-08389-1　C3034

●著者略歴

的川 泰宣(まとがわ・やすのり)

1942年(昭和17年)2月23日、広島県呉市生まれ。

1965年(昭和40年)東京大学卒業。

1970年(昭和45年)東京大学大学院博士課程最後の年に、日本初の人工衛星「おおすみ」の打上げに参加。以後、ハレー彗星探査、科学衛星計画、「はやぶさ」など、数々のロケット開発・衛星開発に携わる。東京大学宇宙航空研究所・宇宙科学研究所・宇宙航空研究開発機構(JAXA)を経て、現在JAXA名誉教授、はまぎん こども宇宙科学館館長。工学博士。

主な著書
『宇宙飛行の父 ツィオルコフスキー』(勉誠出版)
『ニッポン宇宙開発秘史 元祖鳥人間から民間ロケットへ』(NHK出版新書)
『的川博士が語る宇宙で育む平和な未来　喜・怒・哀・楽の宇宙日記5』(共立出版)
『図説宇宙工学』(共著、日経印刷)
『「はやぶさ」物語』(NHK生活人新書)
『いのちの絆を宇宙に求めて』(共立出版)
『小惑星探査機「はやぶさ」の奇跡』(PHP出版)
『どうやって、宇宙へいくの?』(ポプラ社)
『なぜ、宇宙へいくの?』(ポプラ社)
『なぜ、星は光っているの?』(ポプラ社)
『宇宙人は、ほんとうにいるの?』(ポプラ社)
『わたしたちは、星からうまれたの?』(ポプラ社)
『宇宙なぜなぜQ&A』(ポプラ社)
『人類の星の時間を見つめて』(共立出版)
『図解:宇宙と太陽系の不思議を楽しむ本』(PHP出版)
『宇宙なぜなぜ質問箱』(朝陽会)
『宇宙の旅 太陽系・銀河系をゆく』(誠文堂新光社)
『逆転の翼 -ペンシルロケット物語』(新日本出版社)
『轟きは夢を乗せて』(共立出版)
『宇宙からの伝言』(数研出版)
『宇宙はこうして誕生した』(佐藤勝彦編、ウェッジ)
『やんちゃな独創 - 糸川英夫伝』(日刊工業新聞社)
『ロシアの宇宙開発の歴史』(東洋書店)
『月をめざした二人の科学者』(中公新書)
『宇宙に取り憑かれた男たち』(講談社)
『宇宙で暮らすための69の基礎知識』(大和書房)
『宇宙の謎を楽しむ本』(PHP文庫)
『宇宙は謎がいっぱい』(PHP文庫)
『ロケットの昨日・今日・明日』(裳華房)
『宇宙にいちばん近い町』(春苑堂出版)
『飛び出せ宇宙へ』(岩波ジュニア新書)
『星の王子さま宇宙を行く』(同文書院)
『宇宙へのはるかな旅』(大月書店)
『軟式テニス・上達の科学』(共著、同文書院)
『人工の星・宇宙の実験室』(岩崎書店)
『ハレー彗星の科学』(新潮文庫)